全国教育科学规划教育部重点课题（编号：DBA220443）

认 知 抑 制 与 创 造 力

姚海娟　著

南开大学出版社
NANKAI UNIVERSITY PRESS

天　津

图书在版编目(CIP)数据

认知抑制与创造力 / 姚海娟著. —天津：南开大学出版社，2024.12
　　ISBN 978-7-310-06575-2

Ⅰ.①认… Ⅱ.①姚… Ⅲ.①创造性思维－研究
Ⅳ.①B804.4

中国国家版本馆 CIP 数据核字(2023)第 250079 号

认知抑制与创造力
RENZHI YIZHI YU CHUANGZAOLI

南开大学出版社出版发行
出版人：刘文华
地址：天津市南开区卫津路 94 号　　邮政编码：300071
营销部电话：(022)23508339　营销部传真：(022)23508542
https://nkup.nankai.edu.cn

天津泰宇印务有限公司印刷　全国各地新华书店经销
2024 年 12 月第 1 版　　2024 年 12 月第 1 次印刷
240×170 毫米　16 开本　14 印张　2 插页　237 千字
定价：72.00 元

如遇图书印装质量问题,请与本社营销部联系调换,电话:(022)23508339

前　言

目前，科技创新能力已经成为综合国力竞争的决定性因素。我国实施创新驱动发展战略，提高自主创新能力是提高国家竞争力的中心环节。社会也在发生巨大的变革，我们在不断加快建设网络强国、数字强国。在信息化时代，社会高度互联，人们可以更快地传递信息，与他人进行有效的交流，人们的精神需求也不断提升。互联网高速发展，技术、产品一直在更新换代。不久的未来，将会出现更多的未知领域，人工智能、虚拟现实（VR）技术等都将成为未来生活离不开的一部分。与以往不同，现在我们每天会接触到更多的多媒体产品和多媒体作品，这体现了创作者的创新思维和技术知识，也对人们的综合素质提出了更高的要求。科技的发展和社会的进步有赖于全民创新能力的提高，因此，培养个体的创造性思维和创新问题解决能力具有重要意义。

创造力是人类特有的一种综合性能力，是知识、智力、能力及优良的个性品质等多因素综合优化构建而成的一种能力，是人类最高级的能力。随着认知神经科学领域对执行控制的探讨，人们对抑制机制愈发关注，有关认知抑制与创造力关系的研究成为创造力研究领域的热点之一。以往研究认为，高创造力个体具有较高的发散思维和远距离联想水平，那么现在我们更想了解，高创造力个体的认知抑制能力更高还是更低？这种抑制水平是一成不变的还是更灵活？他们的这种认知抑制水平受什么因素影响？目前，研究者们对认知抑制与创造性思维关系的结论仍存在争议和分歧，因此，探究认知抑制与创造力的机制和影响因素成为一个兼具学术价值和实践意义的课题。

对此，我们采用不同认知抑制任务，对创造性思维与认知抑制的关系及影响因素进行了探讨。总体来讲，整个研究包括八章，主要内容简介如下：

第一章"认知抑制与创造力概述"，主要介绍创造力的取向、创造力的主要理论、创造力的类型，对认知抑制的理解及认知抑制的分类，还包括对认知抑制与创造力关系的理论解释。

第二章"认知抑制与创造力关系的研究方法"，阐述了认知抑制的研究范式和创造力的测量方法，从注意、记忆和阅读领域分别介绍了认知抑制的研究范式，创造力的测量包括对不同创造力形式的测量，如发散思维、聚合思维、创造性人格、创造性成就等。

第三章"认知抑制与创造力关系的研究进展"，从创造性思维的认知去抑制假说、认知抑制假说和适应性认知抑制假说三个方面分别介绍了支持的研究，分析了可能影响认知抑制与创造力关系的因素（如智力、压力、情绪及情绪调节、认知灵活性、工作记忆、认知负荷、认知风格及人格），最后揭示了创造过程中认知抑制活动的神经基础。

第四章和第五章从一般创造力视角，主要测量个体的发散思维水平，来探讨认知抑制与创造力的关系。第四章"高和低创造性思维水平者认知抑制能力差异研究"，结合反应时和自主神经技术（皮肤电反应），对认知抑制与创造力关系的理论进行实验研究，深入探讨高低创造性思维水平者抑制优势反应、情绪信息抑制及认知抑制灵活性的差异，为创造力人才的培养提供更坚实可靠的理论基础。第五章"高和低创造性思维水平者认知抑制能力的影响因素研究"，进一步采用反应时、自主神经技术（如心率）、眼动技术等，主要探讨了情绪和语境对认知抑制与创造力关系的影响，分析了情绪和语境在认知抑制和创造力之间的调节作用。

第六章"认知抑制与不同领域创造力的关系研究"，从领域创造力视角，结合科学和艺术这两大主要领域，深入探讨认知抑制与科学创造力和艺术创造力关系的不同，为科学创造力和艺术创造力的培养提出更有针对性的建议。

第七章"认知抑制与顿悟问题解决"，对于创造力的测量，主要是采用顿悟问题，测量聚合思维，关注创造性问题解决中的抑制机制，为提高个体的创新问题解决能力提供可能的对策。

第八章"认知抑制训练与创造力培养"，总结了围绕认知抑制训练的一些方法，同时指出了提高创造力的一些干预训练方法，如创造力的认知干预、艺术疗法干预和间接干预措施，为提高创新人才的认知抑制能力提供了一些现实可行的方案。

我们希望借此研究为创新型人才培养模式的创新提供新的视角，形成既培养个体的发散思维能力、远距离联想能力、聚合思维能力，同时又注重其认知抑制能力培养的综合模式。此外，也为学校及相关部门的学生教育提供参考，努力营造有利于创新的学习环境，在注重学生认知能力提升的同时，加强学生情绪管理、情绪调节等的心理健康维护工作，丰富艺术类课程，健全创造性人格的培养及创新内驱力的激发，为创新型人才培养和创新型国家构建提供理论基础和实践参考。

目 录

第一章　认知抑制与创造力概述

创造力是人类文明的源泉，是社会发展的动力。人类社会的发展和进步与创造性思维密不可分，人们在社会发展的过程中不断突破旧模式的约束，持续探索新方法、新技术、新工艺，创造新产品，促进科技进步，产生更多满足人们精神需求的文化产品。因此，创造力在社会发展中的作用至关重要。

当今世界，各国之间的综合国力竞争日益激烈，科技创新、自主创新是关键点，人才资源成为关系到国家竞争力的基础性、核心性、战略性资源。从国内现状来看，我国处于全面建设社会主义现代化国家新征程的关键时期，经济社会发展与人才资源不足的矛盾日益突出，在科技和教育领域与发达国家仍存在着差距，国家需要在基础学科领域加大人才培养力度，提高创新型人才培养质量，为国家战略的有效实施奠定坚实的基础，为国家发展建立优质的储备人才库。

进入新时代，深入实施新时代人才强国战略，加快建设世界重要人才中心和创新高地，加快自主创新型人才的培养能力，是急需研究的重要主题。分析创新人才的认知加工机制、阐明创新型人才的个性特点、开发创新型人才培养的新模式、构建创新型人才脱颖而出的环境，是有效实施人才强国战略、构建创新型国家的迫切要求。因此，对创造力进行深入研究，阐明创造性的本质特征，揭示创造认知加工过程及关键阶段的突破策略，探索影响人们创造性发挥的有利因素和不利因素，弄清不同领域创造力的差异性，构建创新人才培养新模式，这些研究和积累将促使人类最大限度地发挥创造力在社会进步中所起到的作用。

第一节　创造力概述

1950 年，吉尔福特就任美国心理学会主席，发表了关于创造力主题的演说，自此创造力研究开始得到广泛关注，进入科学研究阶段。20 世纪五六十年代，人们在吉尔福特提出的智力结构说（Guilford，2006）和梅德尼克提出的远距离联想理论（Medick，1962）的基础上开展关于创造性思维的研究，普遍认为高创造力者具有思维发散性、自发性、不可控制性的特点。近 20 年来，随着认知神经科学领域对执行控制的探讨不断深入，人们对抑制控制的关注度不断增加，学界对认知抑制与创造力关系的探讨，成为创造力研究领域的热点之一。

一、创造力的定义

创造性思维是一个复杂的、涉及神经与心理及哲学的现象。学界对于创造性思维的概念也有很多不同的观点。有研究者从思维的特点方面对创造性思维进行定义。例如，吉尔福特认为，创造性思维是个体创造性的具体表现，是以发散性思维为核心，以流畅性、独创性、灵活性和精致性等为主要特征的一种思维方式（Guilford，1991）。流畅性是指在短时间内能想到的观点的数量；独创性是指具有与众不同的想法和不寻常的解决问题思路；灵活性是指能从不同角度、不同方向灵活地思考问题；精致性是指对事物或事件的具体细节进行描述。与吉尔福特的观点类似，托兰斯把创造性定义为敏锐地感觉到问题的存在、事物的不完善、知识的空白、成分的残缺、关系的不协调等，然后查明问题的难点并寻找解决问题的途径，对问题的空缺成分等作出猜测并提出假设，反复检验、修改，最后得出结论并告知他人（Torrance，1962）。

埃森克认为，创造性思维是指个体的思维具有独创性，能把两个或多个之前未被联系到一起的概念在当前情境中联系到一起，并且这个整合的结果有意义、有价值（Eysenck，1998）。

关于创造力的研究主要从四个方面来进行：创造性的产品、创造性的人格、创造性的环境和创造性的认知。很多研究者从创造性的产品结果上来对创造力进行定义。布罗诺夫斯基（Bronowski，1972）将创造力定义为从多样性中发现统一性。例如，伟大的艺术工作是将不同的颜色进行混合，伟大的音乐工作产生了大量的曲调和旋律，但是所有的画家和音乐家都是沿着一个思路在进行创作，那就是统一多种成分，并将其排序。海尔曼等（Heilman et al.，2003）认为，创造力就是以系统的方式去理解、发展和表达一种新颖的、有序的关系的能力。例如，科学家哥白尼在看似无序的太阳系中发现了秩序，爱因斯坦发现了统一物质和能量的思路。一定的智力水平、特定领域的知识和才能、大脑的高度连通性是创造力的必要条件。此外，发散思维、新颖性寻求行为、一定程度的潜在抑制和一定程度的前额功能失调是创造力的重要影响因素。

目前，国内研究者对创造力的概念界定主要采用林崇德（1999）提出的定义，即创造力是指根据一定目的，运用一切已知信息，产生某种新颖、独特、有社会或个人价值产品的心理品质。这里的产品，无论是强调思维过程，还是强调思维结果，或是强调思维品质，共同的特点是其新颖性、独创性和适用性。

综上所述，创造力是人类特有的一种高级认知能力，是知识、智力、优良的个性品质等多因素综合优化构建而成的一种能力，是人类最高级的能力。创造性思维是人类最高能力的核心表现形式，创造力的表现过程要求创造性思维处于最高水平。

二、创造性思维的研究取向

目前，创造力研究的取向主要包括精神分析取向、测量取向、认知取向、社会人格取向、生理取向、神秘取向和实用取向。

（一）精神分析取向

精神分析取向（psychoanalytic approach）是由弗洛伊德提出的，主要强调潜意识与意识、理性与非理性的互动关系。弗洛伊德打破了以往认为一切创造都是理智的产物的观念，认为创造是一个极其复杂的过程，来自潜意识领域的驱动，即无意识的本能欲望。他认为，力比多是一切行为的原始动力，而创造行为是力比多的升华，即本能的冲动改变了原有的指向，转移到艺术、科学领域，在满足生理需求的基础上追求更加高尚的精神生活。

克里斯（Kris，1952）在精神分析取向的基础上提出创造的初级-次级思考模式理论（primary-secondary thinking modes），该理论在创造性的产生机制上强调初级思考模式的重要性，高创造力者更愿意回归到早期和原始的思维模式下，并更擅长在这两种思考模式之间进行转换。此取向的研究方法主要为个案研究，即对社会公认的高创造性成就者进行心理分析。

但该取向所建构的部分概念缺乏严密的科学论证，如无限夸大了潜意识的作用，忽略了意识的主观能动性，几乎把人类一切创造活动都归结为力比多的冲动。

（二）测量取向

测量取向（psychometric approach）认为创造力是个体与生俱来的一种潜能，通过标准化纸笔测验可以测量创造力的高低。1956年，吉尔福特在其智力结构模型中首次提到发散性思维的概念，认为思维分为发散性思维和聚合性思维两种。发散性思维是创造力的重要组成部分。发散性思维是针对一个开放性的问题，从不同角度、采用不同途径和方法去探求多种不同答案的能力，其假设是能探求越多不同的答案，得出不同寻常答案的机会就越大，创造性就越高。基于发散性思维明确的概念及测量的便利性，研究者通常通过测量发散性思维来测量创造力，如上文所述的托兰斯创造性测验（TTCT）就是基于吉尔福特提出的发散性思维。

但该取向也存在一些问题，如研究指出，发散性思维测验中的灵活性（flexibility）、独创性（uniqueness）等会受到流畅性（fluency）得分的污染，难以反映其灵活性和独创性（Plucker 和 Renzulli，1999）。另外，近几十年的研究一直将发散性思维作为创造性思维潜质的核心进行测量评估，这种单一维度的测量方法也颇受质疑（Simonton，1984）。而且，个体发散性思维表现与日常生活中的创造性成就有多大程度的相关性也不确定。

（三）认知取向

认知取向（cognitive approach）从当代认知的角度出发，从创造性问题解决的视角认识到运用先验知识的重要性。创造力的认知观主要有三个：①人类有记忆检索、类比、问题解决的正常认知过程；②人类存在图式、范畴知识、情境记忆等正常知识结构；③每个人都关注心理创造力，专注于解决问题。

该取向的研究者通常为顿悟问题解决与分析性问题解决提供新方法，并结合相关实验证据，对回忆、问题解决和创造性思维进行总体描述。创造性问题解决过程的主要理论是芬克等（Finke，Ward 和 Smith，1992；Ward，Smith 和 Finke，1999）提出的整合性理论模型（genexplore model）。他们认为创造性思维是由想法的产出过程（generation processes）和探索过程（exploratory processes）两个部分组成，同时，个体在一定外部条件的限制下完成有创造性和可行性的解决方案。

但是，该取向的研究通常采用一些经典的顿悟问题来探索个体创造的认知机制，这些问题较难在短时间内解决，因此一般因变量指标选择限定时间内成功解决人数百分比，认知过程较难被量化和分析。

（四）社会人格取向

社会人格取向（social-personality approach）主要探讨影响创造力表现的社会及人格等其他因素。许多现象学对创造力的描述是具有杰出创造力的个体对社会环境因素具有敏感的感受性，在多数情况下，一些非常普通的、看似无关紧要的因素也能对个体的创造力产生影响。例如，著名音乐家柴可夫斯基描述其在创作时，简单的声响就可能会对他产生严重的干扰。从社会环境因素来看，文化多元性、社会资源等对创造力的发挥起重要作用。在个别环境方面，良好互动的家庭与教育环境、同伴榜样和个体的创造力呈正相关（Simonton，1994）。高创造力者具备相关的人格特质，如不受外界批评影响、自信、敢于冒险、自我实现等。

（五）生理取向

生理取向（biological approach）是最近新兴的研究取向，是伴随着脑成像技术的发展而建立起来的，它试图建立创造力表现的生物基础（Martindale，1999）。

对于一般创造力的测量，主要是对被试实施创造力的纸笔测验或要求其完成创造性问题，分析高创造力者和低创造力者的皮肤电活动、心率变异性、脑电波及大脑激活区域等指标是否存在差异。对于艺术领域特定的创造力研究，主要采用观察法，观察视觉艺术家（在脑损伤后成为艺术家）的艺术创造表现，而在研究生理学取向时，强调艺术创造力的神经基础，将从脑损伤患者的后果中收集，探讨视觉艺术作品创作相关的神经解剖学基础、功能连接、智力和神经递质（Zaidel，2014）。

（六）神秘取向

神秘取向（mystical approach）认为创造力是一种上天赐予的本领，是神秘的，创造力仅存在于某些人身上。希腊时期，西方人便认为创造力是一种上天赐予的神秘力量。这个观点最早可追溯到公元前亚里士多德提出的"创造力是产生史无前例的事物"（张庆林和 Sternberg，2002）。

即使到了现代初期，某些天才的创造力和灵感仍然让人惊叹不已，创造力的神秘性还没有褪去。但在这种取向下，研究对象只能局限于所谓的天才，采取的研究方法也多为其自述自身创造过程。这使得不仅研究对象难以获得，自我报告的真实性和描述创造过程的难度也值得怀疑。这种对于偏离科学轨道的神赐予创造力的研究是无法进行下去的（Sternberg 和 Lubart，1999）。

（七）实用取向

实用取向（pragmatic approach）主要是在实际领域中针对一般人寻找提升其创造力的方法，这种方法的效果仍有待考证（Sternberg 和 Lubart，1999）。例如，脑力激荡训练法让大家充分发挥想象力，产生尽可能多的创造性思想，越疯狂、越夸张越好，并从中选择解决问题的最佳途径（Osborn，1953）。在这个过程中，不能批评他人的创意，以免妨碍他人创造性之思想。又如研究者根据水平思考的观点提出"加减有趣思考法"，此方法要求思考者广泛地思索想法的正向优点、负向缺点和有趣之处，以求导向不同层面的解决方案（De Bono，1985）。

这些根据一些创造力假设创造出的训练方法在一定程度上可以使训练者产生更多的想法，但在一定程度上可能会降低个体的自我批判标准，促使其产生不经考虑、有所欠妥的想法，降低想法的品质。

三、创造力理论

（一）创造力的无意识联想理论

弗洛伊德用精神分析理论去解释创造力。后来一些学者拓展了其理论观点，形成了一类理论，被称为无意识联想理论。在弗洛伊德看来，无意识在创造力活动中起着不可磨灭的决定作用。弗洛伊德的无意识对其理论构建影响的一个例子就是戈多（Gedo，1980）对著名画家毕加索的创造力活动的分析。戈多运用弗洛伊德精神分析理论中的早年创伤去解释毕加索的作品。毕加索的作品《格尔尼卡》展示出毕加索年少时经历的诸多情感冲突，戈多认为这些情感冲突是与毕加索和其母亲、妹妹的关系有关的。《格尔尼卡》中的女人代表毕加索的母亲，死去的婴儿是毕加索的妹妹。画中表达的意思就是妹妹的出现夺走了毕加索作为独生子所享有的被家庭关爱的中心地位。把妹妹描绘成死婴，是其无意识地想把她清除，但是现实并不能这么做。根据此理论，戈多认为创作《格尔尼卡》源于毕加索无意识地想清除其妹妹的强烈愿望，在潜意识中以艺术形式表达出来，这种无意识想法在艺术领域接连出现，但毕加索并没有意识到这些创造的想法从何而来。

（二）创造力的成分模型

1983 年，美国社会心理学家艾曼贝尔（Amabile）提出了创造力的成分模型（componential model）。该模型认为，个体的创造力主要包括三个成分：一是领域相关技能，二是创造力相关技能，三是工作动机（task motivation）。

领域相关技能是高创造力个体在某个专业领域进行创造所需要掌握的基本技能，如需要掌握的领域基本知识、领域基本技能和特殊才能，主要依赖于先天的认知和感知运动能力，也依赖于后天的训练和培养；创造力相关技能主要涉及个体的个性特征、个体的认知风格和工作方式，以及个体在实践过程中形成的创造性方法和技巧；包括个体对待工作的态度及自己对所能接受的工作的认识，工作动机来自个体对工作的初始内部动机、社会环境中的外部压力，以及个体将外部压力降至最低水平的能力。但是，该理论将工作动机作为影响创造力的核心成分，并强调领域技能和创造力技能的作用，忽略了智力、知识、情感等其他个人特质对创造力表现的作用。

（三）创造力的投资理论

1991 年，美国心理学家斯滕伯格和卢伯特（1991，1992，1995）提出了创造力的投资理论（investment theory）。1995 年，斯滕伯格在《挑战多数——在从众文化中培育创造力》一书中进一步完善了该理论。投资和创造力看似是两个截然不同的领域，但两者之间也存在着一定的联系。比如，在金融市场上，人们能给投资者最明显、最微不足道的建议是"低买高卖"，但很少有人会听从这个建议。成功的投资者好像都是大胆的、愿意承担风险的，并常常采取与其他投资者行为相反的行动。在创造性表现方面，我们也能够观察到类似"逆道而行"的情况。比如，个体在科学领域提出并推进一个新思想，或是在艺术领域提出一个新的趋势，最初可能会被认为是脱离现实的，甚至会被批判，但当这份工作被认可时，就会被认为是极具创造力的表现。

创造力的投资理论对个体创造力所需的"投资资源"展开了进一步的介绍。该理论认为，有创造力的人能够像高超的投资者一样，花最小的代价来创造最高的利润，即"低买高卖"（buy low and sell high），将心理资源投入那些新的、质量高的观念中。该理论认为，创造力需要六种相互关联的资源，主要包括智力、知识、思维风格、人格、动机和环境。显然并不是每种资源的所有方面都与创造力有关，而应对每种资源的内容有所选择。从投资的角度来看，这六种资源可以看作投入创意表演的收入来源，即想让这些资源得到有效利用，必须以一种资本化的方式对其进行聚合。下面，将对创造力的投资理论中的这六种资源进行介绍。

首先，在智力上，智力参与输入、转换和输出信息的一系列心理过程，这里描述的与创造力相关的智能过程，是基于人类智力的三元理论。在智力的三元理论中，智力由三个方面组成，即智力成分亚理论（智力的组成成分）、智力经验亚理论（智力组成成分应用的经验水平），以及智力情境亚理论（这些组成成分应用的环境）。智力的这三个方面都与创造力有一定的关联。此外，智力有三种信息处理成分——元成分、操作成分和知识获取成分。创造性问题解决包括将这些处理成分应用到相对新颖的任务或情况中，或者以一种新颖的方式来选择、适应任务。其中最核心的一步是如何重新定义问题，这种对问题的重新定义可以发生在创造力的任何层面。例如，创造力可以产生对一个问题的定义和重新定义，一个最初定义不清或以一种特定方式构思的问题，会以另一种方式被重新定义。各个领域的伟人之所以被认为是伟大的，部分原因就是他们以重新定义的方式重塑了他们的领域。许多极具创造力的人，通过将一个领域的知识和程序引入另一个领域来表达他们的创造力，从而以另一个不同领域的问题重新定义他们主要领域的问题。

在知识上，知识是创造性解决问题的重要条件。个体为了在特定领域内产生创造性产品或想法，就必须了解该领域的一些知识。但有研究者观察到在某一领域拥有丰富知识和经验的人并不会在该领域做出最具有创造性的工作，这可能是因为知识资源水平和创造力呈倒 U 形关系，即个体对某一领域最具创造性的贡献出现在他们在该领域的知识达到顶峰之前。与新手相比，专家的一个主要优势是他们知识的数量和组织方式存在一定的自动化，但"自动化的专家"受到深层结构变化的影响较大，会降低其知识运用的灵活性，因此，专家在职业生涯中要采用抵消顽固影响的方法。

在思维风格上，思维风格是一种以某种方式使用自己能力的倾向风格，其本身并不是一种能力，而是一种利用自己能力来处理任务或偏好的思考方式。简而言之，其是个体如何运用自身的智力和知识进行思考。斯腾伯格的思维风格理论为描述创造性相关风格提供了基础，该理论在参考政府的不同职能（立法、行政和司法）的基础上，将人分为"立法型""执行型"和"审判型"。个体应对新奇事物的能力是创造力的重要组成部分。有创造力的人最有可能是立法型的个体，因为他们喜欢在自己有创造力的领域提出自己的规则程序或想法，具有较高的挑战欲望和解决问题能力。例如，在投资领域，立法风格的人更可能是投资选项的创造者（如认证一些稀有硬币或存款证书）；执行风格的人则喜欢执行他人制定的规则和程序（如经纪人利用他人设计的投资期权在市场上买卖）；审判风格的人会更喜欢评估任务（如分析股市趋势）。

在人格上，极具创造性的个体通常会与普通人在人格特征上存在差异，如不畏权威、倔强、充满质疑等。斯滕伯格的理论提出了五种与创造力相关的个性特征：①忍受模棱两可的能力。即在大多数创造过程中，个体会有一段时间处于摸索阶段，常常要试图弄清楚在当前任务中有哪些板块，以及如何将它们组合在一起，在这段时间里个体可能会感到不安，甚至感到恐慌，因此具有创造性的个体需要具备忍受这种模棱两可的情况并等待解决方案最终被认可的能力。②克服障碍并坚持不懈的意愿。即当个体以不寻常方式来解决问题时，会遇到很多障碍，创造性的个体往往会有克服障碍的意愿。一些特殊领域的杰出人才都会经历这种百折不挠地克服障碍的情况，如爱迪生经过无数的尝试才发明了灯泡。当这类人遇到困难时，他们愿意去尝试克服，并且通过坚持取得了创新性结果。③敢于冒险。即在创造性解决问题的过程中，个体需要不怕失败，尝试不同方式找寻解决方法，从失败中得到成长。④愿意成长，乐于接受新的体验。即当一个人在职业生涯早期或者中期有了创造性想法时，通常会背负很大的压力来坚持这个想法。一方面，这个想法一旦得到认可，人们就会让他进行充分的强化和阐述；另一方面，这一想法往往会带来一些小的支持，从而使人在很长一段时间内能够坚持下去。能保持创造力的人必须成长，并尝试新的东西。例如，成功的投资者意识到想要保持成功，需要跟上时代的步伐，而不是依靠曾经那些有效却无法继续有效的策略。⑤自信。成功的投资者并不是一味地跟随队伍，而是常常作为领头人带领队伍，因此他们并不会表现出服从，而是在拥有自己的信念之后能够愿意坚持，同时接受挑战。

在动机上，创造性表现背后的驱动力涉及一些激励资源。即在个体拥有智力、知识和某些有助于创造性表现的思维风格和个性特点后，还不足以最终产生创造性产品，其中必不可少的是需要有使用这些资源的动力。斯滕伯格认为，产生创造性观念和产品最重要的动力是聚焦于任务本身的动机，这种内在激励因素具有特殊的地位，因为它们往往能导致个体产生以任务为中心的导向，特别是在努力中获得能力的动机。而那些外部激励因素可能会削弱个体工作的内部动机，使其失去超越自我的动力。

在环境上，无论是创造力还是投资都不能脱离环境来看待。在金融市场上，"牛市"或"熊市"都会影响投资活动的整体水平及个体的购买选择。而斯滕伯格提出的上述五种创造力的"投资资源"也都会受到第六个因素"环境"的影响。比如，环境能够激发思想，为创意提供基础；同时，环境也可能抑制创造性想法产生，因此拥有一个良好的支持性环境对开展创造性活动具有激励作用。

（四）创造力的系统模型

1995 年，施建农在分析国内外研究的基础上提出了创造力系统模型。该模型认为，活动是创造性活动的心理基础，其将创造性思维纳入个体认知活动中。这使得长期以来人们对智力水平与创造性水平的关系问题之争，有了更好的理论解释，同时强调个体在创造性活动过程中的主观能动性。之后，其又建立了亚模型来解释智力与创造性之间的关系，在亚模型中详细地描述了个体的创造性态度影响创造性行为的作用机制，这种机制类似于开关的作用，起到一定的分流作用。这种"开关机制"可以解释这些高智商的人为什么没有高创造性成就。这是因为这些智商很高的人，受到特定原因的影响，没能够真正地把自己的才智用于创造性的事业。在个体的创造性行为中，控制智力投入量的开关会受到个体创造性态度的影响，而态度又会受内外两种内驱力的影响。内驱力更多地来自个体的心理特征，如爱好、兴趣等；外驱力更多地来自环境，一方面可能直接来自周围环境的期望和所提供的物质条件，另一方面可能来自社会对个体创造性产品的评价和反馈。

综上，创造性系统模型在已有关于创造力模型的基础上进一步扩充了创造性活动的心理基础，从"开关机制"角度解决了有关智力水平与创造力水平不匹配的关系问题，进一步强调了能动性在创造性活动过程中的作用。但该理论对于内驱力中的个性和外驱力中的环境究竟起了多大作用，个体在具备何种个性特征后会更有利于其自身发展，以及如何培养这些特征等问题并没有做出很好的阐述。

（五）创造力的游乐场理论

2004 年，考夫曼和贝尔提出创造力的游乐场理论（the amusement park theoretical model of creativity，APT Model of Creativity）。创造力游乐场理论借用迪士尼乐园来比喻创造力，在此基础上提出了由四个水平组成的创造力的层级结构，分别是先决条件（initial requirements）、一般主题层面（general thematic areas）、领域（domains）和微领域（micro-domains）。

先决条件是基础，在迪士尼乐园中游览，必须有门票这个基础条件，才可能实现在游乐园中嬉戏玩耍。创造力的先决条件主要包括智力、动机和环境，它们是所有创造活动的基础，有基础才能将创造可能变成创造现实。如果个体不具备这些基础条件，就不可能有创造性的表现。

第二个水平是一般主题层面，创造力有很多不同的领域，这好比用门票进入迪士尼乐园后，还要再决定去哪个主题公园，是"动物王国""好莱坞影城"，还是"魔法王国"？对于创造力有多少个"主题"，研究者给出了不同的答案。费斯特（Feist，2004）提出创造力有七个领域，分别是心理学、物理学、生物学、语言学、数学、艺术和音乐；考夫曼和贝尔（2004）通过因素分析提出三个因素：交流方面的创造力（人际关系、交流、解决个人问题和写作），动手操作方面的创造力（艺术、工艺和身体创造力）及科学创造力（数学或科学创造力）；奥勒尔等（Oral，Kaufman，Agars，2007）认为艺术因素包括艺术、写作和工艺，交流因素包括人际关系、交流和解决个人问题，科学因素包括数学和科学，但身体/动觉不属于任何一个因素。考夫曼等（Kaufman et al.，2009）的研究进一步得出创造力包括七个一般主题层面：言语艺术（artistic/verbal）、视觉艺术（artistic/visual）、企业（entrepreneur）、人际（interpersonal）、数学/科学（math/science）、表演（performance）和问题解决（problem solving）。

第三个水平是领域。这相当于在不同的主题公园里有不同的区域。众多的区域构成一般主题层面，如小说、非小说、诗歌、新闻等领域都属于言语艺术这一主题层面。不同领域之间的差异较大（Kaufman，2002）。

最后一个水平是微领域（或任务）。也就是说，同一领域中还存在着不同的任务，这些任务之间有共性，但同样也有不同。

创造力的游乐场理论揭示了创造力领域特殊性/一般性特征，但是对创造力的发展过程的思考仍不足，没有充分考虑创造力发展的情境因素。

（六）创造力的 4C 模型

1988 年，奇克森特米哈伊将创造力按照新颖性区分为大创造力（big-C）和小创造力（little-C）。2009 年，美国心理学家考夫曼和贝格托基于这种二分法的局限性，提出了创造力的 4C 模型（the four C model of creativity）。在该模型中，将创造力分为杰出创造力（big-C）、日常创造力（little-C）、迷你创造力（mini-C）和专业创造力（pro-C）。

杰出创造力是指具有重要地位的杰出人物或者在创造力领域中做出了重大成就的个体所表现出的创造力。杰出创造力并不是普遍的创造力，而是个体需要在一个专业领域经过数十年的学习和努力才能取得的顶尖成就。比如，爱因斯坦提出的相对论、皮亚杰提出的发生认识论等，都经得起时间的考验，并得到世人的普遍认可。

日常创造力是指人们在日常生活中所表现出来的创造力。这种创造力在日常生活中较为普遍。比如，将剩饭加工成一餐美食，或在工作中进行复杂的行程安排、设计一次有创意的活动。

迷你创造力（或微创造力）是指个体对经验、行为和事件给出的新颖且具有个性化的解释。比如，互联网上流行的一些网络热词等，对词语进行创造性解释。对小学和初高中学生进行创造力评价时常使用微创造力，这种创造力更强调创造性的解释，也许在多年后，这种创造性的解释就会表现为创造性作品，而日常创造力更强调创造性的表达。

专业创造力是指在特定专业领域中，接受过专业训练的个体表现出来、可以通过不断学习和练习来提高的创造力，专业创造力是日常创造力和杰出创造力的桥梁。与杰出创造力不同，专业创造力的成就达不到像爱因斯坦等"大师级"的水准，但远远超过日常创造力的范畴。

四、创造力的主要类型

（一）一般创造力

从领域一般性观点来看，研究者们普遍认为创造力是一种跨领域的普遍能力和特质。对于在不同领域有杰出贡献的创造性人才，他们通常有着相似的人格特质及思维认知，如在解决创造性问题的过程中，他们往往具有相同或相似的认知加工特点。此外，创造性人才的心理特征主要包括高水平的智力、浓厚的内在兴趣，以及较强的内在技能和策略（张景焕，2005）。例如，高创造性的杰出科学家和艺术家们具有共同的人格特征，表现在他们往往具有较好的思维开放性、对事对人尽责心强、易冲动、有着高度的自信和自我认同感（Feist，1998）。大学生创造力相关研究发现，大学生自评的不同领域（美术、手工艺品、表演艺术、数学、文学音乐）的创造力表现呈显著正相关（Hocevar，1976）。研究者对言语创造力、数学创造力、艺术创造力三个领域的创造力表现进行探索，也发现上述三个领域的创造力存在一个能解释总变异 54%的主成分。

（二）领域创造力

创造力是否具有领域性是一个非常重要的问题，因为这关系到创新型人才培养的有效性。最新研究表明，创造力既有领域一般性特点，又有领域特殊性特点（Glavernu et al.，2013）。与创造力领域一般性观点不同，创造力领域特殊性观点认为，不同领域的创造力需要的知识、技能和特质具有很大的差异，这便导致了创造力具有领域的特殊性。

有研究者根据不同的内容来划分具体的领域，如编剧、音乐、设计、诗歌创作、制作粘贴画等（Baer，Kaufman 和 Gentile，2004）。也有研究者根据不同学科来划分创造力的不同领域，如数学、语言学、物理学等（Plucker et al.，2004）。科学和艺术是人类活动的两大具体领域，是个体活动和探究的两个不同方面，研究者发现在这两个领域存在着创造力的差异性（衣新发和胡卫平，2013）。个体可在每一具体领域内发挥自己的创造力，科学创造力和艺术创造力分别对应科学和艺术领域。科学创造力由于遵循一定的规则，更强调实用性和适宜性，而艺术创造力更关注作品或产物的新颖性和独特性，对实用性关注较少（沈汪兵、刘昌和王永，2010）。

对于多领域创造力的考察，许多研究者编制了量表进行测量，如考夫曼和贝尔（2004）编制的多领域创造力量表（creativity scale for diverse domains），以及考夫曼（2012）的创造力领域量表（Kaufman domains of creativity scale），等等。领域一般性观点是编制上述量表共同的理论基础，在各量表分测验中贯穿着对新颖性和适应性等一般创造性特点的考察，又根据领域特殊性观点，考虑到不同的具体领域而将测验分成不同领域的分测验。

（三）社会创造力

社会创造力是人们以新颖、独特、适当而有效的方式来解决社会问题，或者在社交场合与他人互动的创造力（谷传华、张海霞和周宗奎，2009）。与科学和艺术创造力不同，社会创造力更为普遍，密切联系着人们的社会生活。

下面从不同角度将社会创造力划分为不同种类。第一种分类，从状态与特质的角度进行划分，状态型社会创造力是个体在某些特定情境中表现出来的创造性状态，而特质型社会创造力是个体在日常生活中表现出的一贯的创造性倾向或特质（谷传华、张笑容和陈洁等，2013）。第二种分类，历史性社会创造力和日常社会创造力，历史性社会创造力是人们在政治或宗教领域所取得的创造性（Mouchiroud 和 Lubart，2002），而日常社会创造力主要是个体在日常生活中用新颖的方式处理自己与他人、团体或组织等的关系，并进行社会交流互动，从而表现出社会创造力。

关于社会创造力的测量，可以针对生活中与父母、老师或同学交往等具体社会情境问题进行研究（谷传华，2015），也可以采用同感评估技术对个体提出的解决方法的创造性进行评价，还可以运用研究者编制的社会创造力测验，如谷传华和周宗奎（2008）编制的《小学儿童社会创造性倾向问卷》，从威信或同伴影响力、问题解决特质或冲突解决能力、出众性、坚毅进取性、交往能力或社会智力、主动尽责性六个维度测量儿童社会创造力。

良好的亲子关系是个体发展的重要基础，同时社会创造力是青少年发展良好人际关系的重要能力之一。有研究者发现，父母的教养方式和儿童的同伴关系会影响儿童社会创造力的发展。如儿童的社会创造性倾向随父亲的情感温暖和偏爱提高而增强，儿童的社会技能与社会创造力显著相关，儿童的社会创造性倾向随社会技能的提高而增强（谷传华和周宗奎，2008）。

（四）道德创造力

国内外学者并没有明确提出道德创造力这一概念，但仍有一些教育家和思想家注意到了人的道德创造力这一问题。在他们看来，道德创造力是指道德主体以新颖、独特的方式解决道德问题的能力。道德创造力是人的道德主体性的集中体现，是人进行道德创造活动所必需的心理特征。此外，道德创造力具有超越性、求善性、发展性和综合性等特征。

随着社会快速发展，如今人们在日常生活中面临许多新的复杂的道德问题，难以用某种价值取向给予合理解释或妥善处理，因此迫切需要培养道德创造力，以便人们能够应对日益复杂的道德生活。"以人为本"的教育思想和发展性教育思想均强调培养受教育者的主体性，因此，现代教育要培养现代社会需要的、具有实践能力和创新品质的人才，培养使受教育者得以自我发展的能力，包括道德创造力，最终促进人自由全面发展，促进社会道德的进步。

（五）恶意创造力

在日常生活中，"有创造力"被认为是对人的夸赞，但是很少有人考虑到创造力也有阴暗的一面，小到不道德的行为，大到违法犯罪，如校园欺凌、新型诈骗、毒品交易、恐怖袭击等。恶意创造力（malevolent creativity）是指个体出于恶意或伤害性的意图而产生的创造力。2008 年，克罗普利等最早提出这一概念，认为创造力和做好事并没有先天的联系，创造力也可能与恶意行为相联系，并突出强调了人主观上的恶意在其中发挥的作用（Cropley，Kaufman，Cropley 和 Runco，2008）。

恶意创造力的影响因素主要涉及人格特质（personality traits）、动机状态（motivational state）、情境因素（situational factors）三方面。

在人格特质方面，研究发现，攻击性等消极人格特质与恶意创造力显著相关（Harris，2013；Harris 和 Reiter Palmon，2015；Lee 和 Dow，2011；王彬钰和贡喆，2021），具有高攻击倾向的个体的恶意创造性任务得分较高。而心理韧性水平作为一种积极特质，能够显著负向预测青少年的恶意创造性行为（王丹等，2022）。

在动机状态方面，与回避动机相比，趋近动机对恶意创造力的表现有积极预测作用（Friedman 和 Förster，2002、2005；Mehta 和 Zhu，2009）。具体表现为趋近动机特质得分更高的个体，在恶意创造性倾向上得分更高；相比回避动机个体，趋近动机个体在恶意创造力的流畅性和新颖性上得分更高（Hao et al.，2020）。

在情境因素方面，研究者发现，情绪对恶意创造力有重要影响。拥有负面情绪的个体更有可能设置负性目标来完成任务，并产生更多的恶意创造力（Akinola 和 Mendes，2008；Conner 和 Silvia，2015；Vosburg，1998）。例如，愤怒情绪（Perchtold-Stefan et al.，2021；程瑞等，2021）和消极敬畏情绪（安彦名，2020）提高了个体的恶意创造力；社会排斥等不公平的待遇会增强被试的消极创造力（Baas et al.，2019；Clark 和 James，1999；吴思佳，2021）。

此外，还有研究发现，签名行为对个体恶意创造力的产出存在影响，能够表明其真实身份的签名形式可能会遏制其恶意创造力的表现（方芳，2017）。个体在面对外群体成员或启动了外群体概念后表现出较强的恶意创造力，并且共同群体身份的建立和启动都能够有效地降低个体的恶意创造力（赵衍东，2021）。在恶意创造力的神经基础方面，乔熙诺（2019）使用近红外技术（fNIRS）探讨了恶意创造力的神经活动机制，结果发现，个体在产生新颖的恶意观点时抑制了加工情绪相关的脑区，主要包括右侧上顶叶、右侧中央后回。

（六）合作创造力

合作创造力是指个体通过合作产生具有新颖性和适用性结果的一种能力。合作创造力是通过合作创造的结果来考察的，即合作创造力研究的是在群体或组织中，如何激发个体之间的联合而产生更大的创造成果。影响合作创造力的因素有组织支持、管理支持、工作群体支持、资源、自由度、挑战等。

关于合作创造力的研究除了考察一般意义上的团体之外，还包括不同规模和各种形式的合作。例如，从合作的规模及合作的形式上来说，合作创造力的形式有团队合作创造力、实验室合作创造力、夫妻合作创造力及虚拟小组合作创造力。创造是社会合作的结果，人们可以与前人及同时代的人交换思想，在合作和交流中互相启发，进而有所创新；也可以与地处遥远、分属于不同团体但分享着共同兴趣、承担相关责任的人进行虚拟合作。合作创造力涉及音乐、音乐编曲软件设计、商业、服装设计和建筑等领域，这些领域从传统意义上看更像是个体创造的领域，但却包含了更多合作创造的成分。

（七）情绪领域的创造力

情绪领域的创造力主要包括三个方面，即情绪创造力（emotional creativity）、情绪交流的创造力（creative communication of emotions）和情绪调节的创造力（creative emotion regulation），这三个方面分别对应情绪体验、情绪交流和情绪调节（Ivcevic et al.，2017）。研究者认为，情绪领域的创造力虽不像科学新发现或新技术那样能对社会和文化产生明显的影响，但它对个体的心理健康和幸福至关重要。

情绪创造力是指个体体验并表达新奇的、有效的、真诚的情绪的能力（Averill 和 Thomas-Knowles，1991；Averill，2004）。情绪创造力是基于社会建构主义的情绪观提出的。情绪观认为，人们不仅根据社会期望调节自己的情绪，而且会根据社会规则创造和体验自己的情绪，从而产生跨文化的个体差异（Averill，1999）。情绪创造力的关键是人们创造自己的情感体验，这同时也意味着个体拥有自主操控他们的情感体验及决定如何表达情绪的自由。

情绪交流的创造力是指人们可以创造性地描述情绪，即个体可以通过语义上的创新，描述自己的情感体验，并成功传达这种情绪，通过产生情感描述性的隐喻来交流情感。隐喻的产生涉及与发散性思维相关的大脑区域，这是一个内在的创造性过程（Benedek et al.，2014）。隐喻的产生与流体智力相关，类似于发散思维测试的表现与流体智力的关系（Beaty 和 Silvia，2013），隐喻语言在情感发展中起重要作用（Kövecses，2000）。总的来说，个体可以利用隐喻来创造性地表达、理解和交流情绪。

情绪调节的创造力表明个体可以创造性地管理或调节情绪。例如，在日常生活中，个体经常需要重新理解情境，调节自身情绪，从而确保自身的心理健康和人际适应功能（Gross，2002）。认知重评这种情绪调节策略对消极情绪的调节作用已得到许多研究的验证（Webb et al.，2012；Cai et al.，2018）。认知重评是指有意识地从不同的角度去观察一个情绪事件，重新解释其含义，从而改变其对情绪的影响（Lazarus 和 Folkman，1984）。它以更积极的方式重构情绪事件，可以有效提高个体的心理健康水平，减轻其抑郁和焦虑症状（Gross 和 John，2003）。认知重评的合理使用可以帮助我们改善心理问题或生活困惑，通过深刻的隐喻性解释改善个体的认知（Yu et al.，2016，2019）。而认知重评创造力（cognitive reappraisal inventiveness）是一种在认知重评背景下的创造性过程，是一种自发地为负性情境生成多种重新评价的能力（Weber et al.，2014）。研究发现，认知重评创造力与开放性经验和发散性思维得分呈显著正相关，与神经质、特质愤怒的相关性不显著。

第二节　认知抑制概述

创造力对个人和国家乃至人类的发展意义重大，培养和提高个体的创造力，以及发挥创造力在社会各领域的作用至关重要。这一目标的前提因素是了解创造力的影响因素及影响过程。

认知抑制在个体创造过程中的作用是研究者们关注的重点，已取得了较多的研究成果，但由于研究者所采用的研究范式和实验材料不同，也导致研究结论存在不一致的情况。

一、认知控制

（一）认知控制的定义

认知抑制（cognitive inhibition）的概念研究最早源于认知控制（cognitive control）。认知控制是指在完成认知任务的过程中，当自动的或有赖直觉的加工无法满足任务要求时，个体需要集中注意并维持注意而进行的一系列自上而下的控制加工过程（Diamond，2013），亦是进行多种认知操作不可或缺的有意识的认知资源（Vandervert，Schimpf 和 Liu，2007）。认知控制的近义词为执行功能（executive functions）或执行控制（executive control），指个体在实现特定目标或者完成复杂任务时，以灵活、优化的方式控制多种认知过程协同操作的认知机制（Miller 和 Cohen，2001）。

例如，你因为肥胖而制订了减肥计划，但当在路上闻到面包店中散发的香气，想象到面包在嘴里丝滑甜美的味道，迫不及待地想要进入面包店购买时，你想到自己已经吃了早饭，而且正在执行减肥计划，是否会为了享受高热量的食物而放弃你头脑中描绘出来的苗条、纤细的自己。所以，认知控制是个体头脑主动创建信息图片的能力，将指导个体的行为，它允许个体选择可接受的特定行为，并拒绝其认为不适当的行为。它还阐明了个体的长期目标和目的，帮助个体改变正在做的事情，以实现这些目标。认知控制是个体自我意识、最高意识水平和意志力的核心。

2003 年，纳文和斯特罗指出，认知控制的注意机制是导致创造力个体差异的一个基本认知过程。也有很多研究者认为创造性可能取决于注意机制（Golden，1975；Kasof，1997；Mendelsohn，1976；Necka，1999）。例如，门德尔松（Mendelsohn，1976）认为，具有高创造性的个体经常被偶然的刺激所影响而做出具有创造力的行为，这些刺激是在无意识的情况下被感知的。

从广义上讲，认知控制的注意机制是指对所有认知过程的控制，包括从模式识别到需要设定目标一系列非常复杂的活动（Monsell，1996；Rostan，1994）。从狭义上讲，认知控制可以被理解为一种减少信息处理系统输出混乱的机制。简单来说就是上文中提到的例子，将认知控制看作负责减少可能的、不必要的反应倾向，个体感知到了刺激，但在认知控制下不对刺激做出反应倾向。斯特鲁普（Stroop）效应是解释认知控制的良好例子。在 Stroop 任务中，将会呈现字义和颜色一致的刺激及字义和颜色不一致的刺激，被试被要求对给定刺激的颜色进行反应。在 Stroop 任务中的刺激包含两种信息（字义信息和颜色信息），结果发现，当字义和颜色不一致时，被试的反应比字义和颜色一致的情况下要长，这种响应延迟的差异，即同一刺激的颜色信息和字义信息相互发生干扰的现象，被称为 Stroop 效应。从广泛意义来说，就是一个刺激的两个不同维度发生相互干扰的现象。被试在 Stroop 任务中对刺激的两种信息（字义信息和颜色信息）都进行了感知，但在认知控制下需要其只对一种信息做出反应，而对另一种信息不作反应。可以假设一个人的认知控制力更强，换句话说，一个人需要更少的努力就可以有效地抑制任务执行中涉及的一个相互竞争的动作、过程或心理活动。相反，如果一个人表现出很大的 Stroop 效应，可以假设这个人的认知控制能力较弱，因为就抑制无关信息所花费的时间而言，其在进行认知控制时所需要付出的努力更大。

在创造力活动过程中，认知控制对于抑制无关信息干扰起到了重要作用。登普斯特（Dempster，1991）强调了认知控制在解释人类创造力方面的作用。他认为，创造力需要压制可能会对一个人的行动效率产生负面影响的无关信息。熟练地处理冲突任务，即一个人只需要选择一个适当的反应，表明了对相关信息进行划分、聚焦和持续关注的能力。换句话说，高创造力者能够快速有效地抑制无关信息。

（二）认知控制的分类

认知控制不是单一的结构，而是包含一系列的功能。不同的研究者从不同的角度对认知控制的组成提出了不同的见解。认知控制包括注意和抑制两种成分（Smith 和 Jonides，1999），反映了个体集中和维持注意力，抑制无关信息对当前任务干扰的能力。彭宁顿和奥佐诺夫（Pennington 和 Ozonoff，1996）将认知控制分为抑制、认知灵活性等。1994 年，洛根（Logan）把认知控制分为主动性控制（proactive control）和反应性控制（reactive control）。

虽然研究者们对于认知控制的分类标准存在争议，但国内外研究结论普遍认为认知控制有三个核心成分：工作记忆（working memory）、认知灵活性（cognitive flexibility）、抑制控制（inhibition control）（Davidson et al.，2006；Miyake et al.，2000）。

1. 工作记忆

工作记忆是指在认知任务执行的过程中，个体短暂地储存和加工信息的有限系统（Baddeley，1992），是人类认知活动的重要组成部分，是高阶问题解决、推理的重要核心技能。工作记忆通常与注意力和执行功能相关。与注意力和执行功能一样，工作记忆对认知效率、学习和学习表现有重要影响。工作记忆有两个基本功能：①可以使得新异信息在大脑中处于一种高度活跃的状态；②区分认知任务执行过程中的有关信息或无关信息（Nijstad 和 Stroebe，2006）。

2. 认知灵活性

认知灵活性（cognitive flexibility）是指在操作已有明确规则的不同任务时，个体思维和注意转换跳跃的能力（Moore，2009）。德勒等（2011）的研究表明，高创造性成就个体表现出更优秀的、灵活的认知控制能力；在创造的过程中，认知灵活性与前扣带回、内侧额叶和前额叶皮层等脑区有关。

3. 抑制控制

抑制控制（inhibition control）指减少或阻止神经、心理或行为活动的认知加工活动（Clark，1996），它是认知控制的核心成分。很多研究者对抑制进行了分类，以便更深入地研究和了解抑制的机制。目前对于神经层次与认知层次之间的抑制机制的关联尚未有定论，测量抑制功能的任务范式也很多，能否测量到相同的概念仍需检验（Macleod，Dodd 和 Sheard et al.，2003）。

二、抑制

（一）对抑制的理解

抑制可以说是与认知控制最相关的功能。当我们想到自我控制或意志力时，常常能够阻止自己做正在考虑的不必要的、分散注意力的或不适应的任务。由此可见，抑制在认知控制的本质中起到了重要的解释作用。当我们执行分散注意力的任务，或有一个不想要的想法，或以不恰当的方式行动时，这可能是因为我们未能抑制冲动的行为。同样，当我们正在执行一个不寻常的行为而不是一个习惯性的行为而导致行动迟缓，或者我们正在进行多任务加工时，抑制可以被解释为抑制习惯行为或干扰任务的要求。对于患有抑制缺陷的儿童，抑制通常被视为自律和控制的源泉，这种抑制缺陷使儿童的手无法抵抗各种"饼干罐"的诱惑。

（二）抑制的分类

1. 主动抑制与反应性抑制

洛根（Logan，1994）将抑制分为主动抑制和反应性抑制。主动抑制是指进行有准备的认知加工，而反应性抑制是指已完成的某项加工产生了当前加工必须克服的副效应，或后续加工必须克服的残余效应，虽然产生抑制的过程可能是有意的，但其对当前或后续加工需克服的效应的抑制通常是无意的。

2. 侧抑制与自抑制

阿伯特诺特（Arbuthnott，1995）根据联结主义模型区分了侧抑制和自抑制。当抑制目标是关联邻居时，便有可能发生侧抑制。自抑制指在节点被激活后直接抑制该节点。此外，阿伯特诺特认为还存在一种有意抑制机制，该机制可用自抑制的模型来解释。阿伯特诺特认为，在大多数范式中，特定目标与抑制效应之间存在某种联系，这种影响可能是间接的（负启动），也可能是直接的（直接遗忘，停止信号作业），但在这些现象中肯定存在着执行成分。

3. 执行抑制、动机抑制与自动抑制

尼格（Nigg，2000）提出了三种抑制类型：执行抑制、动机抑制、自动抑制。执行抑制是基于长期和高级目标对刺激激发的反应进行主动控制，包括干扰抑制、抑制无关思绪的认知抑制、抑制优势反应等的行为抑制，以及抑制反射性眼动的眼动抑制。动机抑制主要指对行为或思绪进行动机性抑制，如在陌生社交情境或惩罚线索激发的焦虑与恐惧的影响下对行为进行抑制。自动抑制与注意加工有关，如眼动性抑制和在返回抑制中出现的注意性抑制。

4. 认知抑制和行为抑制

哈尼什费格（Harnishfeger，1995）将抑制分为认知抑制和行为抑制。认知抑制是指对认知内容或过程的抑制。行为抑制（也称反应抑制）是指抑制不适当的外显行为或反应。

认知抑制功能可能发生于日常生活不同层次的活动操作中，包括选择性注意以克服无关信息的干扰（Neill，1977；Tipper，1985），以及压抑不想要的记忆（Bjork，1972）、理解模糊语句（Gernsbacher，1990、1991；Simpson 和 Kang，1994）等一些高层次的认知能力。

三、认知抑制

（一）认知抑制的定义

认知抑制作为认知控制的子成分之一，是人脑的前额皮层发育所特有的高级认知功能，在学习、记忆、推理等认知加工过程中发挥着重要作用（王彤星，2017）。认知抑制是指阻止无关信息保持或进入工作记忆当中，而且保证无关信息在总体上不损害当前认知加工的主动压抑过程（杨丽霞和陈永明，1999）。这种心理过程可能是有意的或无意的，可以以各种方式表现出来。

（二）认知抑制的分类

1. 认知抑制的三维度模型

尼格（Nigg，2000）提出"认知抑制的三维度模型"，将认知抑制分为三类。

（1）分心干扰抑制，主要是指需要排除外界无关信息对当前活动影响时的个体内在认知过程。有研究者采用负启动范式对分心干扰抑制进行研究（Neill，1977）。研究者通过负启动范式证明了分心抑制加工的存在（Verhaeghen 和 De Meersman，1998）。

（2）前摄抑制，主要是指当个体在进行任务提取信息的过程中，受到与当前任务无关的信息干扰时，阻滞其自动进入工作记忆的认知过程。这种干扰效应会受到前后学习内容相似程度的影响，越相似，则干扰越强（Jonides 和 Nee，2006）。

（3）优势反应抑制，主要是指个体通过付出意识努力达到将占优势地位的、自动化反应刻意压制下来的认知过程。有研究者认为，Stroop 效应是一种优势反应抑制的结果（顾本柏等，2013）。

2. 区别有意抑制与无意抑制

尼格（2000）区分了无意抑制和有意抑制。无意抑制发生在有意识觉察之前（如多义词的意义解析和负启动）。相反，当刺激被归为不相关并随后被有意识地抑制时，就会产生有意抑制（如思维抑制和控制记忆侵入）。

3. 区分干扰与认知抑制

哈尼什费格（1995）还对干扰和认知抑制进行了区分，认为这两者的组成结构是不同的，认知抑制并不等同于抗干扰。根据威尔逊和基普（Wilson和 Kipp，1998）的观点，抑制是一种主动过程，作用于工作记忆的内容，而对干扰的抵抗是一种门控机制，阻止无关信息或干扰刺激进入工作记忆。根据这一分类，哈尼什费格的干扰控制描述为"对干扰的有意认知抵抗"，将个体的认知抑制描述为"有意认知抑制"，将个体的行为和眼球运动抑制描述为"有意行为抑制"。

当然，在研究过程中，许多研究者也采用 Stroop 范式来探讨高、低创造力者之间抑制优势反应的差异。认知抑制与干扰也存在某种联系，只是其确切本质目前尚不清楚（周详和白学军，2006）。

第三节　认知抑制与创造力关系的理论解释

对于认知抑制与创造力的关系，研究者们聚焦在认知抑制在创造性思维中是如何发挥作用的，这也是目前关于认知抑制与创造力关系的争论点之一。对于认知抑制与创造性思维的关系，下面主要介绍三种观点。

一、创造性思维的认知去抑制假说

创造性思维的认知去抑制假说认为，相比低创造力者，高创造力者的多巴胺分泌水平升高、血清素降低，导致认知抑制能力降低，并且其采用稳定的离焦注意模式，能够更多地注意并记忆无关信息（Vartanian，2002），更具冲动性（Burch，Hemsley 和 Pavelis et al.，2006），潜在抑制能力缺乏（Peterson 和 Carson，2000；Peterson，Smith 和 Carson，2002；Carson，Peterson 和 Higgins，2003；Chirila 和 Feldman，2012）。1995 年艾森克提出的创造力因果理论（the causal theory of creativity）可以支持该假说的观点。创造力因果理论认为，高创造力者表现出认知去抑制的特点，他们在创造性思维过程中所表现出的离焦注意是一种稳定的特征。同时，他认为精神分裂症和创造力有共同的基因组型，该基因影响神经递质多巴胺（dopamine）和血清素（serotonin）的正常分泌，使得多巴胺的浓度升高、血清素的浓度降低，从而导致认知抑制能力下降。

1996年，施马朱克（Schmajuk，1996）提出创造力的注意-联想模型（attentional-associative model in creativity），该模型也支持创造性思维的认知去抑制假说。该理论是在对梅德尼克（1962）和艾森克（1995）的理论进行整合的基础上提出的潜在抑制神经网络理论，强调条件刺激的"新异性"在条件反射建立的过程中的关键作用（Schmajuk，2005）。该模型认为，在创造性思维过程中，注意与联想相互影响。高创造性思维水平者更关注新异刺激，这可能是由于他们的伏隔核释放了更多的多巴胺，增强了的注意使得条件刺激强度及其预测价值更高。因此，高创造力者更容易注意到新异刺激，也更容易对远距离的概念产生联想，学得快，但遗忘也快，对记忆检索更具准备性，且在潜在抑制方面有损伤。也就是说，该模型认为高创造性思维水平者的注意和思维都处于较低的抑制水平状态（Schmajuk，Aziz 和 Bates，2009）。

二、创造性思维的认知抑制假说

创造性思维的认知抑制假说认为，高创造力者的认知抑制能力高于低创造力者，在解决创造性问题的过程中，认知活动表现出较高的抑制控制能力特点，即个体的注意力更多地集中在与问题解决有关的信息上，并且进一步记忆。研究者从个体抗无关信息干扰的角度研究创造性思维与认知抑制的关系，如采用 Stroop 任务作为考察认知抑制的指标的研究发现，个体为了更好地完成 Stroop 任务，需要具有很强的处理冲突信息的认知抑制能力，并且将高认知抑制能力视作高创造力个体的一种特质（Golden，1975；Groborz 和 Nęcka，2003）。

三、创造性思维的适应性认知抑制假说

创造性思维的适应性认知抑制假说认为，高创造力个体的认知抑制能力更灵活、更具适应性。该假说的主要代表理论是创造力的注意中介模型（the attention intermediary model of creativity）。该理论是 2007 年由马丁代尔（Martindale）提出的，其认为高创造力者的注意并不是一个稳定的状态，而是会根据任务性质及任务阶段进行灵活变化，并不仅仅是注意力降低。例如，高创造力者在完成高分心信息干扰任务时的反应更长，并在完成低分心信息干扰任务时的反应更短。个体在面对任务时进行的这种调整是自动的或被动的，而不是一种自我控制。

此外，在问题的不同解决阶段，高创造力者也有不同的注意模式。在早期阶段，高创造力者更多采用离焦注意，关注更多信息，思维更发散，并尝试探索解决问题的方法，但较高的注意广度导致其信息处理速度较慢；在后期阶段，高创造力者对无关信息进行抑制并对中心任务持续集中注意，注意缩窄提高了任务的加工速度。

综上所述，未来仍需更多研究者从创造力的多层面进行探索，构建和完善认知抑制与创造力关系的理论模型。

第二章　认知抑制与创造力关系的研究方法

第一节　认知抑制的研究范式

本章将从认知抑制的研究范式和创造力任务及其测量分别进行介绍。研究认知抑制的实验范式主要涉及注意、记忆、阅读等领域。

一、注意领域

（一）Stroop 任务范式

1. 经典 Stroop 范式

1935 年，斯特鲁普发表了关于注意力与干扰的具有里程碑意义的研究，他所采用的任务范式被称为 Stroop 任务范式，该范式在认知领域一直被广泛使用，而且之后也出现了很多改进的 Stroop 范式。Stroop 任务是对个体认知加工的抑制能力的一种测试，可为探究个体注意力的基本过程提供参考（MacLeod，1999）。

在经典的 Stroop 任务范式中，要求被试快速给字的颜色命名，通常包含三种情况：在词色一致条件下，字的颜色与字义相同（如蓝色的"蓝"字）；在词色不一致条件下，字的颜色和字义不同（如红色的"蓝"字）；在中性条件下，字的颜色与字义不相关（如红色的"高"字）。这些词会接连出现，在被试对一个字做出反应后，下一个字即出现。在字色不一致的条件下，被试的视觉信息和语义信息的加工会相互冲突产生干扰，对所呈现字的颜色的判断就会产生困难，这时个体就会产生认知冲突（Neill，1977），运用该范式，通过反应时和正确率可以很好地对被试面对认知冲突时的解决情况进行考察。

2. 手控 Stroop 范式

除了经典 Stroop 任务范式外，研究者还开发了一种手控的 Stroop 任务。

在手控的 Stroop 任务中，也同样有字色不一致而产生视觉信息和语义信息冲突的情形，在此基础上，还增加了对按键手的选择的新一层认知加工干扰。要求被试看到红色或绿色印刷字的时候，用左手按左键；看到黄色或者蓝色印刷字的时候，用右手按右键，如图 2.1 所示。

图 2.1 手控 Stroop 范例示意图

实验任务中，刺激呈现时间为 500 毫秒（ms），被试反应时间为 800 毫秒，若被试在 800 毫秒内做出错误反应或者未能做出反应，则回答错误，表明未能对干扰信息进行完全抑制（Killikelly et al.，2010），实验刺激随机呈现并保持平衡。实验流程如图 2.2 所示。

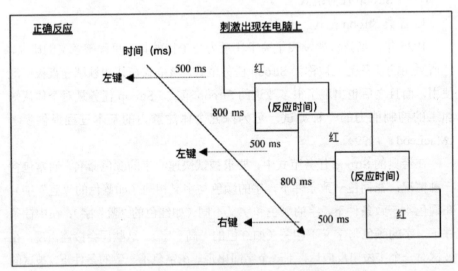

图 2.2 手控 Stroop 任务实验程序图

该任务可以进一步得出个体在加工字义和颜色过程中，为了提取所需，进行认知抑制的过程。创造力与 Stroop 任务范式有相关性。已有研究表明，高创造力个体在 Stroop 任务中表现出更好的抑制干扰能力（Gamble 和

Kellner，1968；Golden，1975），因此，高登（1975）认为可以用 Stroop 任务范式来衡量个体的创造力。

（二）追随耳-非追随耳任务范式

追随耳-非追随耳任务（dichotic listening task）是对创造性思维与选择性注意关系进行探讨的一种实验范式。

在实验过程中，同时对被试左、右耳呈现不同的元音辅音刺激（ba，da，pa，ta，ga，ka；70 分贝），每个刺激呈现 420 毫秒，刺激呈现完后有 500 毫秒时间间隔，随后电脑屏幕上显示 6 个元音辅音字母，要求被试报选出听到的内容。实验有三个条件：①非强制条件，即不告知被试两耳听到的字母不同；②强制左耳条件，即告知被试两耳听到内容不同，并且要求其注意并报告左耳听到的字母；③强制右耳条件，即告知被试两耳听到内容不同，并且要求其注意并报告右耳听到的字母。当被试被告知注意左耳或者右耳（追随耳）时，便需要抑制接收另外一只耳朵（非追随耳）的信息。由电脑记录被试的作答情况，计算听觉抑制能力的指标 LQ ［以左耳 LQ 为例，计算公式为 LQ＝（强制左耳－强制右耳）÷（强制左耳＋强制右耳）×100％］。剩余变化分数（residualised change scores）由左耳 LQ 与右耳 LQ 进行回归分析得到，剩余变化分数越高，表明个体的听觉抑制能力更强（Rominger et al.，2017）。

（三）整体-局部范式

整体-局部范式是向被试呈现一个较大的字母图片，大字母是由很多小字母组成的。被试需要做的是根据要求选择忽略小元素（局部条件）去判断大元素，或者忽略大元素去判断小元素（整体条件）（Navon，1977），如图 2.3 所示。被试在进行局部特征加工时，必须花费认知资源来抑制忽视自身整体特征加工产生的大量干扰，这就导致反应时间会延长，整体特征加工的时间会短于局部特征加工。

在另一种整体-局部任务实验中（Groborz 和 Nęcka，2003），设置了以下四种条件：局部一致条件（呈现的刺激为由相同的小字母构成的矩形）；整体一致条件（呈现的刺激为由小星号构成的字母）；局部不一致条件（呈现的刺激为由小字母组成的不同于小字母的大字母）；整体不一致条件（呈现的刺激为由小字母组成的与小字母含义不同的大字母），如图 2.4 所示。

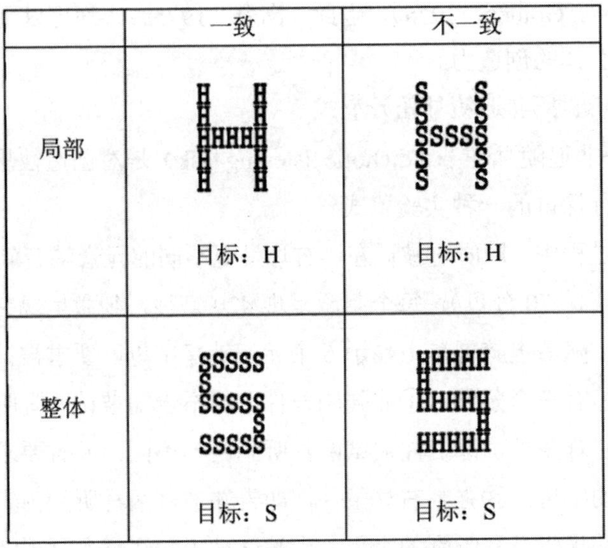
一致
不一致
局部
目标：H
目标：H
整体
目标：S
目标：S

图 2.3　整体-局部任务刺激示意图（1）

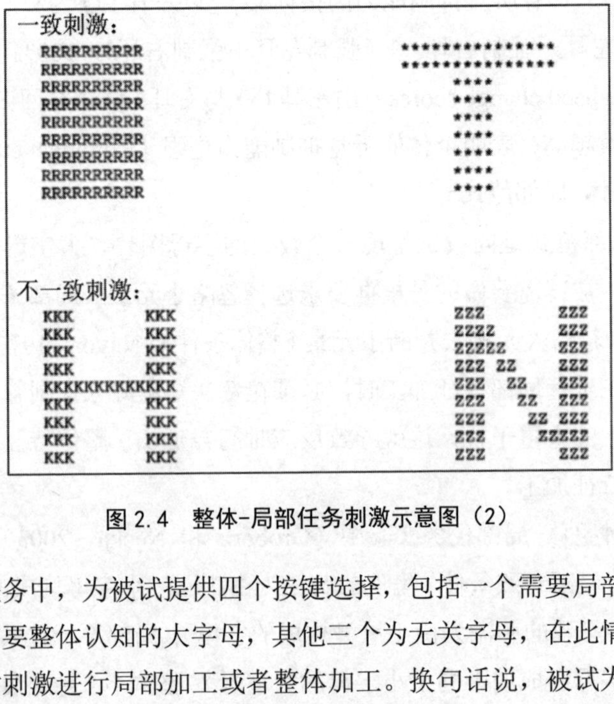
一致刺激：
不一致刺激：

图 2.4　整体-局部任务刺激示意图（2）

实验任务中，为被试提供四个按键选择，包括一个需要局部认知的小字母，或者需要整体认知的大字母，其他三个为无关字母，在此情况下，被试只能被迫对刺激进行局部加工或者整体加工。换句话说，被试为了做出正确反应，必须忽视抑制一种认知加工方式而去进行另外一种。结果表明，注意整体-局部条件与条件一致性类型的交互作用显著，并且被试在注意整体和不一致条件下错误率更高。此外，结果还发现，高创造力的被试比低创造力的被试反应更快，特别是在字色不一致的条件下。

在一种改进了的 Navon 任务实验中，实验材料为由小字母 es、ss、hs 构成的大字母 A；由小字母 as、ss、hs 构成的大字母 E；由小字母 es、hs、as 构成的大字母 H，如图 2.5 所示。实验中，要求被试判断字母 H 是否存在，无论是在局部中还是整体中出现都算存在，判断后按下指定按钮，其中整体为 H 的刺激出现次数为实验总次数的 80%，局部为 H 的刺激出现次数为实验总次数的 10%，没有 H 的刺激出现次数为实验总次数的 10%（Zabelina 和 Ganis，2018）。

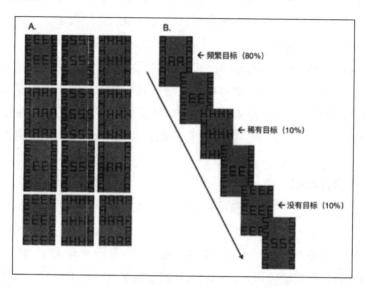

图 2.5　整体-局部任务刺激示意图（3）

（四）负启动任务范式

在进行一项任务时，通常都会忽略其他无关的刺激，正是这种抑制作用维持了我们与要注意的物体之间的相互作用。而当先前被忽略的刺激突然变得与当前进行的任务相关时，对原先的抑制信息做出反应时会减慢并且降低准确性，这一现象被称为负启动（Sturgill，1997）。最初这种现象是在 Stroop 任务中被发现的，尼尔（Neill，1977）进一步通过将干扰词预测后续试验颜色的试验（实验性或关键性试验）与干扰词与后续试验颜色无关的试验（对照组）进行比较，进一步证实了这种效果，他认为对抑制的信息重新关注反应时减慢的原因是人们会积极抑制对无关信息的处理，但当被抑制的信息突然变成必需反应的刺激时，个体需要额外的时间来克服原先的抑制。

负启动任务包括字母命名（letter naming）、字母匹配（letter matching）、计数（counting）、目标定位（target localization）、词汇决策（lexical decision）和字母大写识别（letter capitalization identification）。典型的负启动任务是将由不同颜色字体所组成的字对依次在被试面前呈现出来，实验过程中要求被试能够忽略所呈现字体的意义而快速地说出它的颜色。第一次呈现黄色的"红"字，要求被试迅速说出"黄"；第二次呈现红色的"绿"字，这次被试说出"红"的反应时间会显著长于控制组。这是因为当实验组的被试在对黄色的"红"进行判断时，会抑制字体的本身意义，因此短时间内之前被抑制忽视的字体意义重新变成目标刺激时就需要更多的认知资源。

在字母大写识别任务中，实验材料包括 26 个字母中的两个字母，两个字母同时呈现，一个字母为大写的形式（如"D"），一个字母为小写的形式（如"a"），要求被试通过手指按键尽可能快速并且准确地判断出大写字母的位置是在左边还是右边。在对照实验下，前一次呈现的字母与后一次呈现的字母完全不同；在正式实验下，前一次被抑制的小写字母与后一次的大写字母相同。

（五）潜在抑制范式

潜在抑制是指一个刺激被反复呈现而未被强化（前呈现），前呈现将干扰之后的该刺激的学习任务（邵枫，2007）。

潜在抑制范式（latent inhibition task）分为两个阶段：前呈现阶段（preexposure）和实验阶段。在一项潜在抑制实验中（Gal et al., 2009），前呈现阶段向被试呈现 180 个字母，每个字母呈现 1 秒，字母与字母之间没有时间间隔，180 个字母分为 6 组，其中 3 组为有线索组（有辅音字母 J、C、P 频繁出现在目标字母前），3 组为无线索组（A、E、I、O、U 与目标字母混合随机出现），要求被试看到目标字母"Y"时，按下空格键；在实验阶段，向被试呈现 405 个字母，每个字母呈现 1 秒，字母与字母之间没有时间间隔，405 个字母分为 9 组，3 组为前呈现刺激组（有元音字母 A、E、I 频繁出现在目标字母前），3 组为非前呈现刺激组（有辅音字母 T、F、L 频繁出现在目标字母前），3 组为无线索组（字母顺序随机呈现），要求被试看到目标字母"X"时，按下空格键。电脑记录下被试的正确率和反应速度。结果显示，在实验阶段，非前呈现刺激组比前呈现刺激组更快进行反应，说明前呈现刺激组受到了前呈现阶段的干扰，进行了潜在抑制。潜在抑制分数为前呈现刺激条件的反应时减去非前呈现刺激条件的反应时。

（六）侧抑制范式

侧抑制范式（flanker effect）是在靶子刺激呈现的同时，旁边伴随呈现一个无关刺激，它与靶子刺激之间的关系是冲突的或一致的，如方向指向相同或相反时，被试在一致条件下判断的反应时间要比在冲突条件下更短（Eriksen et al., 1974）。侧抑制范式也可以用来作为研究认知抑制与创造性思维关系的研究范式。

二、记忆领域

（一）有意遗忘范式

有意遗忘（intentional forgetting），也可以称为指向性遗忘或定向遗忘（directed forgetting），强调遗忘的有意性和指向性，包括单字法（the word method）（或称项目提示法，item-cueing method）和字表法（the list method）两种研究方法，可以使用此范式作为研究有意认知抑制的范式。

在有意遗忘任务中，在呈现每个项目后，立即给被试发出指令：该项目要忘掉（to be forgotten，TBF）或要记住（to be remembered，TBR），在之后的回忆阶段，当要求被试对这两类项目均进行回忆时，研究发现，被试对那些要求忘记的词的回忆正确率要低于那些要求记住的词，这说明其出现了定向遗忘效应。相比低创造力者，高创造力者对要求忘记的词的回忆正确率低于那些要求记住的词，表明高创造性思维水平者的有意遗忘能力更强。

（二）提取练习范式

提取练习范式（retrieval-practice paradigm）是研究提取诱发遗忘的实验范式，同时可以将其作为探讨有意认知抑制的实验范式。

提取练习范式分为三阶段：学习阶段、提取练习阶段、最后测验阶段。在学习阶段，被试学习以"类别名称-样例"形式呈现的词对，如"Fruit-apple"等。在提取练习阶段，从全部类别中选出一半类别，再从这些类别中选出一半进行线索提取，如"Fruit-ap___"，要求被试根据这些线索回忆出完整的样例单词。所有学习材料被分为三大类：第一类是进行过提取练习的词对（如"Fruit-apple"等，记为 Rp+）；第二类是与 Rp+属于相同类别但样例未进行提取练习的词对（如"Fruit-pear"等，记为 Rp-）；第三类是类别和样例都没有进行提取练习的词对（记为 Nrp），又称为基线类别。在测验阶段，向被试呈现每个类别名称，要求被试回忆出在实验过程中见过的所有样例项目。在提取练习阶段，属于同一类别的样例单词彼此竞争，要准确提取出所需要的记忆项目，被试必须克服竞争样例的干扰，由此形成了对这些竞争样例的暂时抑制，这种抑制使得被试在最后测验阶段对 Rp-样例的回忆率显著低于 Nrp 样例，即表现出提取诱发遗忘效应（慕德芳、宋耀武和陈英和，2008）。

三、阅读领域

（一）抑制歧义词的不适当意义

抑制歧义词的不适当意义是对不符合句子语境的词意的认知抑制（周治金、陈永明和杨丽霞等，2004），是对语言进行准确理解的基础。歧义词有多种含义，在理解含有歧义词的句子时，往往需要对不同词意进行不同认知处理，对符合语境的词意进行激活，对不符合语境的词意进行抑制。依据现有研究，对歧义词不适当意义的抑制能力的影响因素主要分为歧义词特点和个体特点两个方面：从歧义词特点来看，同形歧义词比同音歧义词更易进行对不适当意义的抑制，并且对歧义词的次要意义的抑制要比对其主要意义的抑制更容易（周治金、陈永明和杨丽霞等，2004）；从个体特点来看，高理解能力者较低理解能力者更易完成对不适当意义的抑制（Gernsbacher，1990），认知风格为场独立的个体较场依存者更快完成对不适当意义的抑制（贾广珍和李寿欣，2013）。

在一项实验中，有 32 组含有歧义词实验句和控制句，以及对应探测词（周治金、陈永明和杨丽霞等，2004），具体如表 2.1 所示。探测词为绿色 28 号字，句子为白色 24 号字，在句子呈现后 200 毫秒或者 800 毫秒呈现探测词，探测词是与歧义词实验在句中的意思相反、与控制句中无歧义的词的意思明显相反的词。因此，通过比较被试对实验句与控制句反应的正确率和反应时的差异，可以得出被试对歧义词进行抑制的能力及时间进程。

表 2.1　抑制歧义词的不适当意义任务实验材料举例

句子类型	实验例句	探测词
实验句 1（语境偏向主要意义且句尾有歧义词）	他很注重自己的仪表	刻度
控制句 1（与实验句 1 对应）	他很注重自己的成绩	刻度
实验句 2（语境偏向次要意义且句尾有歧义词）	他很熟悉汽车的仪表	风度
控制句 2（与实验句 2 对应）	他很熟悉汽车的性能	风度

注："仪表"有两个意义，其主要意义指人的外表，次要意义指测定温度、气压的仪器。

（二）句子歧义抑制任务

句子歧义抑制任务是指个体在加工有歧义的句子时，对与理解句子无关信息进行的认知抑制。句子歧义可以分为整体歧义和局部歧义，局部歧义又称为暂时语法歧义。整体歧义是因为词汇、语法、语义和语用原因造成的句子歧义现象，而局部歧义是指由语言的输入顺序引起的，句子中部分语法关系不确定而导致的对同一句子的多种理解，并且局部歧义是暂时的，会随着其他语言的输入而消失（贾广珍，2008）。

例如，在一项实验中，以主题信息和语境意义偏向性为自变量，材料分为实验句和验证句，根据自变量将实验句分为 4 种类型：合理型主题信息主要意义语境句，均衡型主题信息主要意义语境句，合理型主题信息次要意义语境句，均衡型主题次要意义语境句。如图 2.6 所示。

合理型主题信息主要意义语境：

爸爸住院已一周有余了，今天爸爸要开刀，爸爸患恶性肿瘤已经三年了。

均衡型主题信息主要意义语境：

爸爸一直皱着眉头，今天爸爸要开刀，爸爸患恶性肿瘤已经三年了。

合理型主题信息次要意义语境：

爸爸再次检查了手术室，今天爸爸要开刀，病人是一位严重的肿瘤患者。

均衡型主题信息次要意义语境：

爸爸一直皱着眉头，今天爸爸要开刀，病人是一位严重的肿瘤患者。

图 2.6　歧义句抑制任务实验材料举例

要求被试自己控制阅读速度，并对实验句与验证句含义是否相同做出"是/否"反应，正确反应为对歧义句的主要意义句反应为"否"，对歧义句的次要意义句反应为"是"，对控制材料的所有句子正确反应都为"是"。因为歧义句有多重意义，所以被试做出正确反应时需要对句子错误意义进行抑制，做出正确选择，达到消除歧义的效果。反应速度越快，正确率越高，说明对歧义句的不适当意义的抑制能力越强。实验结果发现，被试对合理型主题信息句和主要意义歧义句的反应速度更快，说明合理型主题可帮助被试提高对不适当意义的抑制能力，并且被试对歧义句次要意义的抑制能力更强（吴彦文，2002）。

（三）句子分心阅读范式

分心阅读范式是用来考察汉语阅读过程中的抑制控制加工。句子分心阅读范式主要是探讨在句子阅读过程中，干扰信息的性质对个体抑制词汇通达的影响，进而考察个体的抑制效率如何。在实验任务中，实验句子主要分为4种条件：正常句子，语义相关干扰词句子，语义无关干扰词句子，字符串干扰句子。句子中的干扰词均放在每个句子的目标词之前，干扰词以斜体的形式呈现，以与目标词相区别。实验中除了实验句，还有填充句。将自编的24个干扰词放在句子的不同位置作为填充句。为了检查被试是否认真阅读了句子并理解了句意，研究者会在每个句子后面呈现一个是否判断的问题，并要求被试口头回答（王敬欣和朱仁泉，2009）。

（四）语篇分心阅读范式

语篇分心阅读范式可以考察在阅读小短文的过程中，个体抑制外来干扰信息的能力。例如，编写12篇涉及日常生活事件的小短文作为阅读材料，其中3篇作为练习使用，剩余9篇作为正式实验的阅读材料。每篇短文均包括6句话：第一句介绍主人公的背景，第二句介绍主人公的具体行动目标，第三句介绍主人公为了达到行动目标采取的第一种行动，第四句介绍主人公为了达到行动目标采取的第二种行动，第五句介绍行动产生了什么后果，第六句介绍故事的结局。小短文的总字数控制在130个字左右。为了检查被试是否认真阅读并理解了小短文，研究者通常在每篇短文的后面设置三个问题，并通过计算阅读理解正确率作为筛查被试的标准。检查问题主要围绕主人公的行动目标、主人公的行动结果及一个细节问题。最后在小短文中插入干扰词，有的小短文中插入真词干扰，有的小短文中插入假字对干扰，每篇短文中都插入3组干扰词，每组干扰词插入15次（白学军和沈德立，1996；李寿欣、徐增杰和陈慧媛，2010）。

第二节　创造力的测量方法

对于创造力的定义，心理学家们一直存在争议，并未对其概念做出统一的阐述，而且创造力的理论模型也并不一致，所以创造力的测量方法也不尽相同。创造力的测量是开展创造力研究的重要环节。本章将主要介绍创造力的各种测量方法。

一、发散性思维测验

国内外研究者相继开发了各种测量工具，测量个体的发散性思维。下面列出几种常用的发散性思维测验。

（一）托兰斯创造性思维测验

托兰斯创造性思维测验（the Torrance tests of creative thinking，TTCT）是1996年由美国明尼苏达大学的托兰斯等人编制而成的，主要考察流畅性、灵活性、独创性、精确性因子，由言语创造思维测验、图画创造思维测验、声音和词的创造思维测验三套测验构成，每套皆有A版和B版两种平行版本，每个版本内的测验任务相同，共包含12个分测验。

言语测验中的测验任务包括7个分测验，主要涉及提问题、猜原因、猜后果、产品改造、物体的用途等。测验按流畅性、灵活性及独创性计分。图画创造性思维测验包括3个分测验，此套测验皆根据基础图案绘图，可得到与流畅性、灵活性、独创性和精确性相关的4个分数。声音词语创造性思维测验是后发展起来的测验，两个分测验均用录音磁带实施。根据反应的罕见性，记独特性分数。

托兰斯创造性思维测验的结果要利用同感评估技术进行打分。同感评估技术（CAT）是1982年由美国哈佛大学的阿马比尔教授提出的，她认为同感是创造力评估的基础，同一专业领域的专家对相同的作品会有基本一致的看法。同感评估技术强调在现实情境中考察个体的创造性，所以生态效度会更高。一般而言，同一份创造性思维测验结果至少要由两位评分者独立评分，计算评分者一致性系数，最终该参与者的创造性思维测验得分要取两个评分的平均数。

托兰斯创造性思维测验有如下特点：首先，从测验内容来看，该测验通过呈现一系列复杂任务来体现个体的流畅性、灵活性和独特性；其次，从适用的范围来看，它适用于幼儿园、学龄前儿童到研究生范畴；最后，从测验的形式上来看，托兰斯以"活动"的名义来实施测验，使得测量过程更轻松愉快。因此，托兰斯的创造性测验成为研究者运用最广泛的创造性测量工具。国内主要采用《托兰斯创造力思考活动》（中文修订版）进行创造力的测量（叶仁敏、洪德厚和保尔·托兰斯，1988）。但是，托兰斯创造性思维测验的主观评价标准多元化、过程复杂、耗时较长，而且评分者必须经过专门训练，因而效率较低。

（二）可能用途测验

1967 年，吉尔福特设计了可能用途测验（alternate uses task，AUT），又称非常规用途任务，是测量创造性思维最广泛使用的工具之一。在该测验中，参与者被要求在固定时间内列出常见对象的非常规用途，通常是向被试呈现日常生活中较为常见的物品，要求其在有限的时间里写出该物品所有可能的用途，要求写出的用途尽可能多，且尽可能写出别人想不到的用途。可能用途测验的结果也由多位评分者进行独立评分，最终结果取多个评分的平均数。

可能用途测验也存在一定的局限性，比如，与现实生活的成就相比，当创造力的分布形式被用发散性思维测验来衡量时，创造力的分布形式之间存在显著差异（Antonia，1996）。

（三）威廉斯创造性思考活动

威廉斯创造性思考活动（Williams creativity assessment packet）是 1997 年由林幸台和王木荣修订的创造性思维测验工具之一。该思考活动包括 12 幅待完成的图形。参与者需要在规定的时间内，利用各图中给出的线条，尽可能地画出与众不同的图，并给所画的每幅图命名。该测验可从流畅力、开放性、变通力、独创力、精密力和标题 6 个维度进行评分。

（四）社会创造力测验

社会创造力（social creativity）是个体在解决人际问题时产生新颖、合适的观点和想法的能力（谷传华等，2009）。社会创造力的产品主要是为解决特定的社会问题而提出的，但是它仍然具有一般创造性的特点。在测量工具上，2013 年，张景焕等编制了三种典型情境的社会创造力测验，包括同伴交往情境问题、亲子交往情境问题和师生交往情境问题，每个情境包括两个问题。在施测后，主试根据统一的评分标准，对被试的反应进行编码，从流畅性、独创性、适宜性方面进行评分。

（五）团队创造力问卷

团队创造力是个体在社会系统中通过与他人共同协作而创造出新颖、有用的产品、想法的能力。团队创造力受很多因素影响，如团体组成、团体特质、团体过程，以及与团体有关的环境变量（Woodman et al.，1993）。

在日常生活中，针对团队创造力常用的一项研究工具是头脑风暴，该方法要求小组成员在融洽且不受限制的氛围中，针对某一问题进行讨论，打破思维常规，积极思考，产生创造性思想。

此外，团队创造力的测量方式还包括实验室环境下的情境模拟和在企业内部发放问卷。在实验室情境模拟中，主要是让被试团体去完成给定的创造性任务，通过分析他们的表现得出相应的研究结果。但是，此方法下的样本不是真实存在的工作团队，研究结果会存在一定的局限性。在企业内部发放测量问卷的研究中，将个人创造力得分相加得到团队整体创造性水平，主要评分者是企业团队内成员，该方法能在短时间内获取大量数据，反映团队的氛围和对团队创造力的认知，但是容易受主观性的影响，易忽视团队层面的影响和作用。

上述主要介绍了经典的发散性思维测验，以及在研究不同创造力时所使用的测量发散思维为主的测验。当然，发散性思维测验还有很多。例如，1957年吉尔福特及其团队开发的"南加利福尼亚大学测验"，又称"吉尔福特智力能力结构测验"，该测验是根据吉尔福特提出的智力三维结构模型编制的发散思维测验，针对初中水平以上的被试设计，包括 10 个言语测验和 4 个非言语测验，从流畅性、变通性和独特性 3 个维度评分。1962 年，美国芝加哥大学的心理学家盖泽尔斯和杰克森根据吉尔福特的理论编制了"芝加哥大学创造力测验"，适用于小学高年级至高中阶段的学生，包括词汇联想、物体用途、隐蔽图形、寓意解释、组成问题 5 个分测验。吉尔福特编制的结果测验要求人们列举出一些不可能事件的结果，比如，如果重力减半，会发生什么事情？如果人们突然间失去读和写的能力，将会产生什么后果？此外，还有"写标题测验"（plot titles test），呈现两个没有标题的故事，要求人们为每个故事写出尽可能多的标题，并采用五点量表对标题的巧妙程度进行评价，等等。

二、聚合思维测量

（一）远距离联想测验

聚合思维可以采用远距离联想测验进行测量。远距离联想测验（remote associates test，RAT）最初由梅德尼克于 1962 年基于创造力的联想理论提出，是为了评估解决问题的能力或顿悟发生的经验。他认为创造性过程就是将看起来无关的事情联系起来整合为新颖的组合。创造性思维源自个体联想能力的差异。因此，联想能力强的人在联想任务时会在短时间迸发出多种想法，但很快输出耗尽，而联想能力差的人在联想任务持续时间内稳定、一致、持续地产生远程关联。因此，联想层次低有利于产生创造性思维，因为知识结构分散应该会增加形成新概念组合的可能性。在这个范式中，呈现给被试三个看起来无关的词语，需要其说出第四个词，而这个词要在概念上将其他三个词语联系起来。RAT 得分越高，则整体反应流畅性越强。相比低创造力者，高创造力者的表现更好、反应流畅性更强。

中文远距离联想测验是可以进行客观评分的一类创造力行为测量工具。2004 年，任纯慧等编制了中文远距离联想测验（CRAT）。2015 年，李良敏等依据北京语言大学汉语常用词词频表、RAT 和 CRAT，编制了符合中国大陆学生语言习惯的"中文远距联想测验"，共 30 题，每一题由三个字组成（如氖、服、争），要求被试思考后填入第四个字，并与其他三个字相互联系（答案：气）。经施测验证，CRAT 的内部一致性信度较高，Cronbach'α 系数为0.734，其效标效度也较好。2017 年，罗佩文等以 CRAT 为基础，为考量小学生的语文词汇程度，编制了儿童版中文词汇远距联想测验（CWRAT-C）。

（二）顿悟问题解决任务

创造性问题解决能力通常作为考察个体创造力的重要指标，顿悟问题解决任务主要测量个体的聚合思维能力。问题解决（problem solving）是指个体在面临问题情境而常规的反应不适合当前的情境时，就会产生问题解决（皮连生，1996）。格式塔心理学派的代表人物苛勒提出了顿悟说，强调解决问题时的突然领悟，证明问题解决过程是突变而不是渐变的。

对个体创造性问题解决能力的测量主要强调的是个体对目标问题的适用性和导向性。在解决顿悟问题的过程中，研究者将个体在完成这项任务中所需要运用到的能力看作一种创造力。经典的顿悟问题包括"六火柴问题""蜡烛问题""双绳问题""九点问题"及"谜语问题"等（买晓琴等，2005；邱江等，2006；邱江和张庆林，2007；沈汪兵等，2012）。

三、创造性人格测量

创造性人格测验主要考察个体是否具有好奇心、独立性、恒心、适应性、自信心等创造性个性特点。最常用的是美国心理学家威廉斯编制的创造性倾向测验。

（一）威廉斯创造性倾向测验

"威廉斯创造性倾向测验"是评估个体创造性潜能的量表，适用于 7 岁以上、具有阅读能力的被试。创造性潜能是指在成年时能够达到的创造性水平，如果被试已经成年，则可以由测试结果推测出其实际创造能力。威廉斯创造性人格问卷由冒险性、好奇性、想象力、挑战性 4 个分项目组成，共包含 50 道题目，其中 8 道题目为反向计分题。1994 年，该测验由我国台湾学者林幸台和王木荣修订，信度在 0.49～0.81，要求被试在读完每一道题后勾选出符合自己的一项，测试总分为 50 题所得分之和。依据常模，总分在 133 分以上表示具有很大的创造性潜能，111～113 分表示创造性潜能良好，111 分以下表示创造性潜能一般；在各项目里，冒险性、好奇性、想象力及挑战性的优秀标准分别为 30、36、35 和 32 分。

"威廉斯创造性倾向测验"的优点是操作简单、计分方便，适合小学四年级至高中三年级的中小学生进行团体施测，能够同时得到创造性个性品质的总分及四个分量表的得分。但是，这一测验仍然存在不足之处。首先，想象力维度应该属于认知能力而非个性因素；其次，测验中的挑战性维度和冒险性维度并非独立的，一般来说，敢于挑战的人才敢去冒险，而具有冒险性的人更是不畏惧挑战，因此可以看出挑战性和冒险性是两个非常相似的概念；最后，该量表有些维度的信度并不高，因此使用时还需谨慎，或需要重新修订。

（二）创造性人格量表

1979 年，高夫（Gough，1979）开发了创造性人格量表（creative personality scale，CPS）。该量表是自陈式量表，包括描述性格的 30 个形容词，其中与创造力呈正相关的形容词有 18 个，与创造力呈负相关的形容词有 12 个。个体根据自身的性格，在适合自己的性格描述形容词上打钩。被试每勾选一个与创造力呈正相关的形容词，计"+1"分，每勾选一个与创造力呈负相关的形容词，计"-1"分，所有得分的总和为个体的创造性人格得分。

创造性人格测验还有戴维斯和里姆于 1976 年编制的"发现才能团体测验"（group inventory for finding talent，GIFT），以及卡特尔编制的 16PF 人格量表中的相关因素、马斯洛的安全感-无安全感量表、罗夏墨迹测验、主题统觉测验等。

四、创造性成就问卷

创造性成就是指一个人在一生中产生的创造性产品的总和（Carson，2005），这种创造性的产品必须是新奇的、前所未有的，并以某种实用的方式适应现实。创造性成就问卷（creative achievement questionnaire，CAQ）是一种创造性成就自我报告测量方法，它被认为是客观、经验有效、易于管理的测量工具。CAQ 的编制基于以下 5 个基本假设：①最好以特定领域评估个体的创造性成就；②编制创造性成就问卷的目的是提供一个创造性成就领域的培训指标；③创造性成就问卷的项目是根据该领域专家对公众的创造性成就的好评度进行排序的；④创造性成就问卷更多地重视国家奖项和荣誉，而不是地方奖项和赞誉；⑤设计创造性成就问卷的目的是使获得创造性成就的这少部分人的成果得到最大限度的反映。

创造性成就问卷由三个部分组成，共 96 个自我报告项目。第一个部分包含 13 个不同的领域，包括 10 个艺术和科学创造力领域、1 个个人运动领域、1 个团队运动领域、1 个创业投资领域。如果被试认为自己在某个领域比一般人更有天赋和能力，那么就在该领域旁边的方框内打钩。第二个部分是 10 个艺术和科学领域的具体成就，卡森等（Carson et al., 2005）选择了艺术和科学中 9 个独立的创造性成就领域，即视觉艺术、音乐、舞蹈、建筑设计、创造性写作、幽默、发明、科学探究、舞台影视表演等普遍被认为需要较高创造力的职业，并加上了烹饪这一职业（王战旗和张兴利，2020）。上述 10 个领域中，每一个领域的绩效指标也取自以前的研究。这些指标随后被提交给两名领域内的专家进行评定，然后按成绩等级排序，最低等级列在清单的第一位。根据专家的反馈，对列表内容进行了修改，每个领域包括 8 个等级（0～7），0 代表这个领域没有成就，7 代表在这个领域有最高成就。要求被试在符合自己创造性成就产品的相应领域打钩，同时也要选出符合的等级，并且需要说明每项成就获得的次数。被试也被要求列出自己在量表中没有的其他成就。第三个部分由 3 个问题组成，要求被试说明其他人如何看待自己的创造性。

2020 年，王战旗和张兴利为验证英文版创造力成就问卷在中国成人群体中的适用性，对其进行翻译、回译和文化调适后转换成中文版创造性成就问卷（C-CAQ）。通过施测，表明创造性成就问卷中文版在我国的成人群体中具有较好的信度和效度，能够用于测量我国成人群体的创造性成就。

第三章　认知抑制与创造力关系的研究进展

从最早提出的创造力认知去抑制假说，到后来的创造力认知抑制假说，有不同的研究结果对这两个假说分别给予支持。目前，在整合前两个假说的基础上，研究者又提出了创造力的适应性认知抑制假说，该假说能够更好地整合前两个理论的分歧。本章将分别介绍相关研究进展。

第一节　认知抑制与创造力关系的相关研究

一、创造性思维的认知去抑制假说的支持研究

（一）高和低创造性思维水平者对无关信息的注意和记忆能力差异

创造力认知去抑制假说认为，高创造力者主要表现出发散性的思维特点并采用离焦注意的模式。瓦塔尼安（Vartanian，2002）通过对被试实施创造性人格量表、远距离联想测验和双耳分听附加追随技术任务，探讨高创造力者的选择性注意及记忆效果，结果发现，具有较高创造性人格表现者对呈现在非追随耳中的单词的记忆成绩更好，远距离联想能力高的被试对呈现在非追随耳中的高联想单词的记忆成绩更好。上述研究表明高创造性人格者及高远距离联想能力者并非仅能获取追随耳中呈现的单词，他们仍然能够较好地再认非追随耳中呈现的单词，也就是说高创造力者的注意是双通道的，表现出离焦注意的特点。

高创造力者能够有效地注意到环境中的外部线索来促进问题解决，这也表现出其具有认知去抑制的特点。研究发现，高创造力者的认知去抑制还表现在更可能从外部线索中获得启发来解决问题（Mendelsohn，1996）。安斯伯格和希尔（2003）采用远距离联想测验测量创造力，使用 6 个演绎推理问题来测量分析问题的能力，利用 5 个字母的错位构词任务来研究创造性思维者

和分析性思维者在利用外部线索方面的差异。结果发现，远距离联想测验得分能很好地预测被试使用无意识呈现的外部线索解决问题的能力，而推理问题则不能，这表明高创造力者能够更好地利用外部线索来解决问题。

（二）高创造性思维水平者与精神分裂症患者人格和抑制相关研究

研究显示，高创造力者与精神分裂症或精神病倾向有一些关联。精神分裂症患者常有分裂性言语（word salad）的表现，也就是精神分裂患者之间的谈话常常包含一些毫不相关的内容。这可能是由精神分裂症患者的认知抑制机制的缺陷或失常导致的（Frith，1979；Payne，Matussek 和 George，1959）。精神分裂症患者无法适当抑制无关的环境刺激与联结，因此无法将一般概念维持在正常范围内，而产生概念过度包含（over-inclusion）或概念过度类化（over-generalized）的现象（Cameron，1947），因而拥有不同于正常人的知识表征形式。一些研究也发现，精神分裂症患者在一些认知抑制任务上表现出了比正常人更低的抑制能力（Baruch，Hemsley 和 Gray，1988；Lubow，Ingberg-Sacks 和 Zalstein-Orda et al.，1992）。

已有研究表明，精神分裂症、某些人格特质与创造力有显著相关性；高创造力者与精神质或精神分裂症患者的潜在抑制减少，对环境刺激更敏感，高创造力与人格的开放性和外向性相关（Miller 和 Tal，2007；Batey 和 Furnham，2008）。这里的开放性体现出了认知的灵活性和联想的开放性，而外向性并不是指高创造力者是擅于社交的，而是指他们存在一个认知的去抑制的特点。许多研究证明了创造力、某些人格特质和减少了的潜在抑制之间的联系。潜在抑制是一种潜意识的注意现象，允许有复杂神经系统的动物忽视先前经历的无关刺激。具体来说，潜在抑制是指如果一个刺激被反复呈现而未被强化（前呈现），那么这种前呈现将干扰随后涉及该刺激的学习任务（Lubow 和 Kaplan，2005）。彼得森和卡森通过大五人格问卷（the NEO Five-Factor Inventory，NEO-FFI）及艾森克人格问卷（Eysencek Personality Questionnaire，EPQ）测量哈佛大学 91 名学生的人格，选取韦氏成人智力量表修订版中的一个词汇测验和一个成就测验合成每个被试的智力分数，利用听觉潜在抑制任务范式，对高成就个体的潜在抑制与人格中的经验开放性之间的关系进行探讨。结果发现，当人格的一些其他方面保持稳定时，高成就个体的潜在抑制和经验开放性存在显著负相关（Peterson 和 Carson，2000）。这可能在人格结构上是一种认知优势，原因在于减少了的潜在抑制导致更加开放性的联想和灵活的认知分类。彼得森等人另选取一所大学的 79 名被试重复 2000 年的研究，结果发现，相比潜在抑制分数高的被试，潜在抑制分数低的被试表现出更加开放性和外向性的特点。另外，对潜在抑制分数高和低的被试进行创造力人格量表测验，结果发现，相比潜在抑制分数高的被试，潜在抑制分数低的被试的创造力人格量表得分更高（Peterson，Smith 和 Carson，2002）。

卡森等人通过对青少年高智力被试的两个研究的元分析发现，相比低创造性成就者，高创造性成就获得者的潜在抑制分数显著更低，并测量出高创造性成就者们的潜在抑制得分较低的概率是低创造性成就者的 7 倍（Carson，Peterson 和 Higgins，2003）。这些研究似乎确认了创造力与精神分裂症相联系的生物学基础，高创造力者对环境刺激更敏感，即他们的潜在抑制减少。

2011 年，卡森提出共享易感模型，阐释了创造性个体与精神分裂症个体之间的联系。该模型表明，创造性个体和精神疾病个体都有一些共同的易感因子，如降低的认知抑制、新异性偏好和神经超连接（将远距离刺激相互联系起来），这些易感因子使得进入意识的可加工信息增多。同时，与这些易感因子相对应的，个体还伴随着高智商、高工作记忆和认知灵活性等保护因子，能在抵抗或削弱轻度精神病态症状的不良影响下有效处理各种信息加工，从而获得具有新颖性和原创性的观念，增强创造力。这个模型解释了为什么不是所有有创造力的人都患有精神疾病。神经认知、社会认知可能是导致精神分裂症患者创造力降低的两个重要因素（Sampedro，2020）。具体来说，社会认知和神经认知在创造力和精神分裂症的关系中起着中介作用（Sampedro et al.，2019）。

造成精神分裂症患者创造力下降的风险因素包括认知灵活性受损、工作记忆缺陷等（Carson，2011）。研究发现，对健康个体来说，创造力和认知灵活性之间存在积极的联系（Wang et al.，2017a；Krumm et al.，2018）。与健康人相比，精神分裂症患者的认知灵活性和创造力都较低，认知灵活性在精神分裂症患者的创造力中起中介作用（Sampedro et al.，2019）。工作记忆在群体创造力和形象创造力之间起中介作用，并在言语创造力中具有显著性。就创造力而言，其在群体创造力和形象创造力之间起着中介作用（Benedek，2014b）。因此，对精神分裂症患者来说，提高认知灵活性及工作记忆，可能是提升创造力、进而改善病情的一个潜在靶点。

尽管共享易感模型不包括社会认知领域，如心理理论、社会感知或情感处理，但最近的一项研究发现，精神分裂症患者表现出的低创造力部分是由心理理论（ToM）引起的。有研究分析发现，心理理论在精神分裂症和创造力的关系中发挥了中介作用（Sampedro，2019）。心理理论是指个体理解自己与他人心理状态的一种能力（Savla et al.，2013），需要个体的元表征思维，而精神分裂症患者的阴性症状导致的社会功能退缩和人际淡漠使其不能同时考虑对同一对象的不同表征。另有证据表明，在健康人群中，心理理论和创造力之间存在正相关关系（Sigirtmac，2016），发散性思维可能会随着心理理论的获得而提高，这种关系的额外证据来自脑结构的研究，包括额叶下回、内侧颞叶、前扣带皮层、顶下叶或楔前叶（Fujiwara et al.，2015；Kronbichler，2017）。此外，神经成像研究进一步强化了创造力和社会认知之间的联系。研究表明，大脑的共同区域，如默认模式网络，既涉及创造力（Beaty et al.，2016），又涉及社会认知过程（Li et al.，2014）。

上述发现为未来的研究提供了一些新的思路，考虑到精神分裂症与创造力之间的倒 U 形关系，提高创造力可能有助于精神分裂症患者症状的缓解，对其个人的生活和社会的发展起到良性作用。

（三）高和低创造性思维水平者在认知抑制任务表现上的差异

高创造力者对无关信息的去抑制倾向导致其具有更好的问题解决能力。斯塔夫里杜和弗纳姆（Stavridou 和 Furnham，1996）选取艾森克人格量表、发散性思维测验来分别测量个体的人格和创造力，采用负启动任务作为认知抑制的一个测量，对精神质、创造力的认知特质与认知抑制的注意机制的关系进行研究。结果发现，精神质得分与创造力得分呈显著正相关，表明高精神质得分者在创造力任务上产生更大量且更具独创性的反应；高精神质得分者存在显著减少的负启动效应，而相比低发散性思维测验得分者，高发散性思维测验得分者表现出一个较小的负启动效应，即高创造力者的认知抑制比低创造力者低，但结果没有达到统计意义上的显著差异。高创造力者表现出认知去抑制的特点。

怀特和沙以正常被试和注意缺陷多动障碍患者（ADHD）为研究对象，对这两组被试的创造性思维水平与认知抑制的相关性进行了探讨。研究采用可能用途任务和远距离联想任务测量创造性思维，认知抑制任务采用语义返回抑制范式。结果发现，与正常被试相比，ADHD 被试的发散思维成绩更好，但他们在远距离联想任务和语义返回抑制任务上的成绩更差，表明 ADHD 被试由于注意的缺乏而发散性思维水平较高，但聚合思维水平和认知抑制能力较低（White 和 Shah，2006）。

马丁代尔（Martindale，2007）采用可能用途测验、单词联想的远距离等级分数和幻想故事的创造性评定三种方法的分数经标准化合成为潜在创造力的测量，通过计算机版的程序评定幻想故事中的原始内容，并对被试实行艾森克人格问卷调查，对创造力、原始认知和人格之间的关系进行探讨。结果发现，创造力与幻想故事中的原始内容相关，精神质和外向性与创造力相关，创造力和原始内容与外向性和精神质都相关，且其与外向性的相关性强于精神质。马丁代尔认为，人的思维处于原始性-概念性认知的连续体上，当个体想得到创造性的观点时，需要使用离焦注意和原始认知，当已经产生一个新颖的观点时，那么就要集中注意并转移到概念性认知上，以便对新产生的观点进行确认。因此，他推论出高创造力者与经常使用原始认知相关，且高创造力者和高精神质者都有一种认知去抑制的特质。

（四）高和低创造性思维水平者在认知抑制能力差异方面的生理基础

施马朱克等（Schmajuk et al.，1998）的研究指出，伏隔核释放的多巴胺增加可以对新异刺激的注意与潜在抑制的损伤之间起到中介作用。相比低创造性思维水平者，当高创造性思维水平者探测到环境中有新异刺激时，其伏隔核会释放更多的多巴胺，从而使个体的创造力得到提高。阿斯比等（Asby et al.，1999）提出的神经心理理论也认为，当前扣带回皮层释放更多的多巴胺时，个体在许多认知任务上的表现将更好，包括解决创造性问题。上述假设还得到了一些研究结果的支持。例如，研究者对正常人施加多巴胺的促进剂或血清素的拮抗剂，结果发现，这会显著降低被试在负启动任务上的表现（Beech，Powell 和 McWilliam et al.，1990）。研究表明，多巴胺及血清素的分泌失常可能与认知抑制功能的降低有关。中脑边缘释放的多巴胺可以作用于颞叶和额叶，从而控制新异刺激的寻求和创造性（Flaherty，2005），多巴胺释放的增加可以解释高创造性的个体所表现出来的基线唤醒水平较高和潜在抑制缺乏的现象。

综上所述，高创造性思维水平者的抑制能力较低，在低抑制水平条件下更有利于个体的创造性表现。例如，有研究者使用非侵入性方法，通过降低大脑左额叶的活动并增加大脑右额叶的活动来减少认知控制。研究发现，减少的认知控制对创造力观点的产生有积极的影响（Mayseless 和 Shamay Tsoory，2015）。

二、创造性思维的认知抑制假说的支持研究

（一）高和低创造性思维水平者在认知抑制任务表现上的差异

格林和威廉斯探讨了高度精神分裂症患者提高了的创造力是否可以通过减少了的认知抑制来解释。被试分别完成精神分裂症 STA 测量问卷、发散性思维成套测验和用途测验，以及测量认知抑制的负启动任务，结果发现，被试的独创性得分与精神分裂症量表得分显著正相关，独创性得分与负启动任务的反应时相关不显著。以上说明精神分裂症患者的思维独创性较高，但高独创性者的认知去抑制水平较高，高度精神分裂症患者的创造力与一定程度的认知去抑制相关（Green 和 Williams，1999），但对研究结果还需要进一步地检验。

格罗博茨和内卡（2003）采用乌尔班和杰伦的创造性思维的图画生成测验（creative thinking drawing production，TCT-DP）来测量创造力，利用 Navon 任务和 Stroop 任务来考察被试的认知控制。结果发现，在 Navon 任务中，相比低创造力者，高创造力者的反应更快；所有被试在不一致条件下的反应时比一致条件下更长，整体条件下的反应时比局部条件下的反应时长，但所有的交互作用均不显著。在 Stroop 任务中，高创造力者和低创造力者在反应时和正确率方面没有显著差异，只有将被试反应时的标准差作为因变量时，才发现显著的交互作用，低创造力者在一致条件下的反应更有规律，高创造力者在不一致条件下的反应更有规律；不同条件的主效应显著，被试在一致条件下的反应时更短，正确率更高。另外，在读词作业中，高创造力的个体在不一致条件下的反应时更短，而在读颜色作业中的交互作用不显著。从 Navon 任务和 Stroop 任务的结果来看，高创造力者比低创造力者表现出了更高的认知控制能力（Groborz 和 Nęcka，2003）。

姚海娟和沈德立（2005）选取非限制性的停车场任务对表征变换理论提出的抑制解除机制进行检验。停车场任务是一种顿悟问题解决任务，任务的目标是要求被试最终将目标车辆出租车从停车场的出口移出。先完成一些常规停车场问题解决任务的被试，接下来再完成需要顿悟思维的停车场问题解决任务会存在较大的障碍。这主要是因为在常规停车场问题解决任务中，将出租车从停车场出口移出并不需要先将出租车移动到其他位置，而只需要将挡在停车场出口通道上的其他车辆移走就可以解决问题。因此，解决几次常规停车场任务后，被试会形成一种思维定式，即目标车辆出租车是不需要移

动的，解决方案是将其他障碍车辆移走，给目标车辆腾出运行通道即可。这种思维的抑制阻碍了被试对具有顿悟情境的停车场问题的解决，而陷入了一种障碍，该种条件下问题的成功解决需要被试解除这种约束或抑制。研究结果发现，最终共44名被试成功解决了问题，其中42名被试在移动出租车之前就产生了思维障碍，陷入了沉思，没有解决问题的4名被试在给予提示之前产生了障碍，通过提示让个体的抑制得以解除并成功解决问题，结果支持表征变化理论提出的抑制解除机制，也对创造性思维的认知抑制假说给予了支持。

伯奇等（Burch et al.，2006）采用牛津-利物浦感觉和经历问卷（Oxford-Liverpool inventory of feelings and experiences，O-LIFE）、大五人格问卷（the NEO five-factor inventory，NEO-FFI）、艾森克人格问卷（修订版）（EPQ-R）、创造性人格量表（creative personality scale，CPS）、特质-状态焦虑量表（trait and state scale of strait-trait anxiety inventory，STAI）、韦克斯勒智力量表缩略版（FSIQ-2）、例子和用途测验（the instances and uses tests）7个测验和潜在抑制任务，深入探讨了大学生的创造力、人格特征、精神分裂症及潜在抑制之间的关系。相关分析结果发现，创造力与无社会性精神分裂症的关系比与阳性精神分裂症的关系更紧密；创造性人格量表得分、发散性思维测验得分和可能用途测验得分与潜在抑制均呈显著正相关，表明高创造性人格者、高发散性思维者的潜在抑制更高。回归分析结果发现，创造力和阳性精神分裂症是潜在抑制的显著预测因素，虽然第二步回归发现，模型没有达到显著，但回归系数表明，阳性精神分裂症与潜在抑制呈显著负相关，创造力与潜在抑制呈显著正相关。这表明，个体的创造力越高，其潜在抑制能力也越高。

刘昌和李植林（2007）利用创造性测验对大学生的创造力进行了测试，选取了高创造力和低创造力的被试各27名，要求被试进行一系列认知任务，主要包括Navon任务、汉诺塔任务、视空间算术工作记忆、阅读工作记忆、数字计算工作记忆、字母旋转工作记忆、数字短时记忆、词语短时记忆等，共计16项，这些任务分别测量了个体的抑制能力、计划协调能力、工作记忆能力和短时记忆能力等。结果发现，高、低创造力两组被试除短时记忆任务不存在差异外，他们在抑制能力、计划协调能力和工作记忆能力方面皆存在显著差异。总体上，相比低创造力组被试，高创造力组被试表现出更强的抑制能力、计划协调能力和工作记忆能力。

瓦尔坦阶等（2009）的研究采用词语联想范式，要求被试判断两个连续呈现的概念之间是否有关联，以测量个体的创造力。这些概念主要是词对、图对或词图对。研究进一步测试了这些成对概念的联想水平，分成高联想水平的概念和低联想水平的概念。该任务不存在模糊性，结果发现，高创造力的个体由于较强的集中注意能力而表现出较快速的联想能力。

（二）执行功能与创造力相关研究

神经影像学研究发现，前额皮层的过度活化有益于产生创造性成果，表明良好的认知控制促使更具创造性的观点产生（Colombo，Bartesaghi 和 Simonelli，et al.，2015）。关于执行功能和创造力关系的研究表明，高执行功能导致高创造力。执行功能子成分中的更新和抑制可以预测创造力（Benedek et al.，2014b），个体策略转换的执行能力越强，执行功能越强，则其创造力越强（Gilhooly et al.，2007）。流体智力可以通过发散思维任务中增强了的执行转换功能来影响创造力（Nusbaum 和 Silvia，2011）。同时，实施创造性训练干预也可以增强个体的执行功能（Bott et al.，2014）。

三、创造力的适应性认知抑制假说的支持研究

创造力的适应性认知抑制假说认为，不能简单地认为高创造力者的注意模式都是离焦注意，而是高创造力者会根据任务性质的不同及问题解决的不同阶段来灵活地改变注意模式。例如，高创造力者在集中注意任务（概念验证任务）中反应时较快，而在负启动（Stroop 效应）中反应时较慢（Kwiatkowski，1999）。研究认为，在负启动任务中，高创造力者在前面任务中注意到了更多的无关信息并给予抑制，因此后面的任务需要激活前面无关信息时反应变慢。

还有研究者进一步扩大到不同性质的任务，探讨创造力与不同性质任务反应时的关系。研究者对创造力进行了综合测量，采用远距离联想测验、可能用途测验和创造力人格量表对被试进行测试，将各量表得分进行标准化并求出平均分，以此作为对被试创造力潜质的测量，将智力得分作为协变量纳入统计分析（采用希普利生活研究所量表的词汇分测验测量智力），不同性质的任务共 4 个，其中两个为无干扰的任务，即希克任务（Hick 任务）和概念验证任务；另外两个为包含干扰的任务，即负启动任务和整体优先任务。结果发现，个体的创造力水平与 Hick 任务和概念验证任务的反应时呈负相关，与负启动任务和整体优先任务中的局部特征加工的反应时呈正相关（Vartanian et al.，2007）。

多尔夫曼等（2008）选取可能用途测验（the alternative uses test）测量创造力潜力，选取德国 IST-70 测验手册（German IST-70 test battery）测量被试的智力作为协变量分析，以排除其对创造力的干扰效应。利用概念验证任务和负启动任务范式进一步验证创造力和信息加工速度之间的关系，结果发现，注意机制在创造力和信息加工速度之间起中介作用，在不包含干扰的任务（概念判断任务）时，高创造力者反应更快；而在需要抑制干扰信息任务（负启动任务）时，高创造力者反应更慢。上述结果进一步支持创造力的注意中介模型。

瓦塔尼安（2009）对不同注意对创造性问题解决的促进作用进行了探讨。传统观点认为，创造力与离焦注意有关，而最新的这些实验证据表明，对于有创造性的人来说，离焦注意是一个变化的状态而不是一个稳定的特质。特别是，有创造性的人具有根据任务要求更好地调节他们注意的焦点的功能。当任务是不良定义的且模糊性很高时，采用离焦注意模式，导致任务加工速度更慢；当任务是良好定义的且模糊性很低时，采用集中注意模式，导致任务加工速度更快。在问题解决的过程中，这种灵活性给有创造性的人带来优势，他们会根据问题的结构做出改变，也会相应地调整问题解决策略。

扎巴内赫和罗宾逊（2010）选取托兰斯的创造性思维测验中的独创性反应和创造性成就问卷中的创造性行为来评定创造力的个体差异，采用 Stroop 任务，对高创造力者在不同情况下能否灵活地调整认知控制进行了探讨。结果发现，相对于一致条件，高创造力者在不一致条件下并没有表现出更好或更差的控制认知冲突的能力。而且，高创造力者在一个试验到另一个试验的调整中表现出了更灵活的认知控制。

程丽芳等（2016）探讨了认知抑制在创造性问题发现的早期和晚期阶段中的作用。结果发现，个体的认知抑制与问题发现任务中思维的流畅性和灵活性有关，但与独创性无关；低认知抑制一开始提高了独创性，但在随后的加工中，高认知抑制有助于创造性加工，这表明在创造性问题发现的早期和晚期阶段，需要不同的认知抑制水平。张克等（2017）采用定向遗忘范式，探讨了创造性思维水平高低与认知抑制的关系。结果发现，低创造性思维者在 2 秒和 5 秒，以及高创造性思维者在 5 秒时间间隔时，均对中性词表现出定向遗忘效应，而对负性词没有表现出定向遗忘效应；高创造性思维者在 2 秒时间间隔下，对中性和负性词均表现出定向遗忘效应。结果表明，在较短时间内，高创造性思维者对负性情绪的认知抑制能力优于低创造性思维者。

第二节 认知抑制与创造力关系的影响因素

一、智力

智力是创造力的必要条件，但不是充分条件。关于智力如何促进创造力的研究越来越多，也越来越深入，有的研究细致分析了智力与创造力的关系（Nusbaum & Silvia，2011）。

认知抑制与大多数创造力指标呈正相关。认知抑制与思维灵活性和思维流畅性的相关性最高，与自我报告测量的创造力也显著相关。智力与抑制、发散思维的复合分数和独创性呈正相关。思维流畅性和思维灵活性显示出极强的相关性，这可能是这两种情况下的评分主要聚焦在个体产生的想法的数量上。但思维流畅性和思维灵活性指标与思维独创性仅表现出中等的相关程度，并且思维流畅性和思维灵活性这两种定量得分和思维独创性这一定性指标与其他创造力的指标也出现了分离的相关模式，定量分数与抑制、解离和创造性人格量表得分显著相关，而思维独创性与智力、自我报告的意念行为和创造性成就相关。研究表明，认知抑制可能主要影响创造性思维的流畅性和灵活性，而智力主要影响创造性思维的独创性及个体实际能够取得的创造性成就。研究结果也发现，智力在认知抑制和思维独创性之间存在显著的中介作用（Mathias et al.，2012）。认知抑制会影响想法的生成，从而在测试任务中表现出较低的创造力，而智力与思维独创性高度相关，在任务中可能改善认知抑制的困境，促进新想法的产生，从而表现出更高的创造力。当创造力是由独创性而不仅仅是流畅性来定义时，智力与创造力显著相关（Nusbaum 和 Silvia，2011）。这些发现与生成-探索模型（Finke，Ward 和 Smith，1992）一致，抑制与生成阶段更相关，而智力则与探索阶段更相关。对创意生成所涉及的过程和策略进行分析发现，创造性想法的产生最初主要依赖于从记忆中检索，但新想法的产生与任务后期发生的更复杂的策略显著相关。此外，新想法的产生与字母流利度的表现有关，研究者认为这说明了执行过程更多地参与了新想法的产生（Gilhooly et al.，2007）。

其他研究也发现，智力与创造力的认知指标（即流畅性、灵活性）的相关性高于智力与创造力、创造性活动、创造性成就的自我报告测量结果的相关性（Batey，Furnham 和 Saffiulina，2010）。而且，相关性的大小也取决于智力模型的二级因素（即流体智力和晶体智力）（Carroll，1993；McGrew，2009）。创造力通常与流体智力和广泛检索能力显著相关，但与晶体智力的相关性较低（Silvia，Beaty 和 Nusbaum，2013）。流体智力受执行功能中的更新成分的影响较多，而较少受到执行功能中的转换或抑制成分的影响（Mathias et al.，2014），因此智力影响创造力更多的是通过影响创造性思维的独创性这一维度来促进创造力的。

有研究将实验参与者分为两组，一组为策略组，一组为对照组，要求策略组被试在产生想法时使用某种策略（即要求被试在生成该物体的可能用途期间考虑对物体的拆卸）。结果发现，在策略组中流体智力比在对照组中更显著地预测了想法的创造力，这表明智力有助于相关策略的实施，从而形成整体更高的创造力（Nusbaum 和 Silvia，2011）。进一步的证据来自另一项研究，该研究分析了智力在创意产生过程中对创造力的影响（Beaty 和 Silvia，2012）。虽然想法的创造力通常会随着任务时间的增加而增加（且想法的流畅性会降低），但智力与更高的总创造力相关，并且随着时间的推移，智力与创造力的较低增长也有关。也就是说，智力水平高的个体更有可能从一开始就产生创造性的想法，但随着时间推移，几乎没有改进的空间，而智力水平低的个体宁愿从更常见、没有创意的想法开始。因此，智力可能与抑制占优势地位的想法的干扰能力有关。同样，研究表明，高创造性的人对记忆能够进行更有效的控制搜索（Benedek 和 Neubauer，2013）。

有研究考察了智力、创造力与不同分心任务加工速度的关系，选取可能用途测验来测量创造力，采用德国 IST-70 测验的俄罗斯修订版来测量个体的智力，包括语言、数学和空间智力。认知任务选择概念验证任务和负启动任务，其中概念验证任务是无分心信息的认知任务，而负启动任务涉及对分心信息的抑制加工。创造性潜能得分由流畅性、灵活性和独创性三者得分来综合判定。结果发现，创造性潜能得分与概念验证任务的反应时呈显著负相关，而创造性潜能得分与负启动任务的反应时显著正相关，表明高创造性思维水平个体在完成无分心信息的认知任务时的认知加工速度更快，而在完成具有分心信息的认知任务时的认知加工速度更慢，表现出了注意的一个分离状态。而且，智力分量表得分与概念验证任务和负启动任务的反应时的相关性均不显著，表明智力不影响创造力与这些认知任务加工能力之间的关系（Dorfman et al.，2008）。另有研究者在校正智力分数的条件下使用不同的样本再次验证了先前的研究结果（Vartanian et al., 2007）。

瓦塔尼安等（2009）在探讨两个概念之间的联想的反应速度时发现，发散性思维得分是预测概念联想反应时的唯一显著的变量，而采用韦氏简版智力量表测量的智力得分对联想反应时的变化没有解释力。

贝内德克等（2012）探讨了认知抑制与不同创造力测量分数之间的关系。认知抑制采用随机动作产生任务，通过采用柏林智力结构测验测量所有被试的智力，同时探讨智力是否在认知抑制和创造力中间起中介作用，结果发现，认知抑制和创造力之间正相关，抑制可能主要促进观点的流畅性，而智力则特定地促进观点的独创性。但是，该研究结果存在一个缺陷，即所建构的结构方程模型虽然其他适配指标良好，但是基本适配指标中 χ^2 所对应的 P 值是显著的，也就是说观测数据所建构模型的协方差矩阵与理论模型的协方差矩阵是存在显著差异的，因此模型不可接受。

基内特等（2016）研究了流体智力、创造力和语义记忆结构之间的关系。研究者预测，对于自下而上的创造力，高创造力的个体一般表现为结构松散的语义记忆网络，这和他们的智力得分相互独立。然而，对于自上而下的创造力，研究者预测高智商的人会表现出更结构化的语义网络，独立于他们的创造力得分。因此，智力组和创造力组的语义网络可以为创造性的过程提供两组量化的数据。语义流利性的任务是根据被试对创造力和智力的不同偏好将其分成 4 组，让他们尽可能多地说出一个特定范畴包含的所有子集。例如，尽可能多地说出动物这个类别里所包含的种类。对被试说出的所有组的动物进行比较，结果表明智力和创造力与语义记忆结构的关系存在差异：智力与结构属性的关系更大，创造力与灵活属性的关系更大（语义灵活性更高）。

总之，上述研究分析了智力和执行功能如何促进创造力的一些机制，同样也证明了智力对创造力存在显著影响。

二、压力

压力是个体将环境事件评估为耗费或超出其个人资源，威胁其个人幸福时，环境和个体相互作用的结果，且会通过个体的认知与评价在心理上产生的一种情绪体验（Walter, 1992）。目前，关于压力对创造力影响的研究中涉及最多、研究最为活跃的是评价压力环境、竞争压力环境与时间压力环境与创造力的关系研究。

评价压力是指个体在多大程度上在意他人对自己任务结果的评价。研究者发现，评价压力通常会对个体的创造力起到消极作用，如阿马比尔等（1979）对 95 名大学生施测了拼贴画实验任务。对于评价压力的操纵，研究者告知实验组被试，他们的拼贴画成果将由专家来进行评定，使实验组被试处于评价压力下，而对于控制组，则没有告知其专家评定拼贴画的事情。实验结束后，研究者请专家对实验组和控制组被试的拼贴画作品进行创造性等级评定，结果显示，实验组的创造性得分显著要低于控制组的得分。在该实验的基础上，研究者通过采用文字任务考察评价对创造力影响的同时，进一步探讨他人在场对被试创造力的影响。实验中，所有的被试都在其他人员在场的情况下进行实验任务，不同的是，一部分被试的同场人员是他们的合作者，而另一部分被试的同场人员是监督者。同时，一部分被试被告知他们的作品将受到专家的评定，另一部分则没被告知。结果显示，评价的期望仅对创造性思维的独创性维度具有消极作用，并且当在场人员是被试的合作者时并不会对被试的创造力造成影响，但是当在场人员为监督者时，个体的创造力则稍微受到了影响，出现这种情况是因为被试会期望监督者对他们的作品进行评价。

时间压力是指个体在多大程度上感觉没有时间来完成任务。时间压力是组织创新氛围的因素之一，它对员工创造力的影响是一致的。在关于时间压力对企业员工创造性的一些研究中，研究者基于交互性的方法，将时间压力作为调节变量，结果表明，时间压力调节了组织创新氛围与创造性成果之间的关系。在强烈的组织创新氛围中，时间压力阻碍了创造性成果。此外，时间压力也会影响团队创新动机的效果。当团队创新动机增强并且时间压力小时，成员的创造力与工作满足感最强。在团队创新动机增强的环境中，时间压力会对成员创造力的产生起到抑制效果；而在团队创新动机减弱的环境下，时间压力虽然会在一定程度上降低成员的工作满足感，但却会对成员的创造力产生促进效果。也有研究者认为，时间压力-创造力关系呈倒 U 形曲线，同时受到五因素模型（Costa 和 McCrae，1992）个性维度中开放性的调节作用。由于开放的个人非常积极地寻找新的、各种各样的经历（McCrae 和 Costa，1997），不是被动地接受新的经验，而是不断寻求以高度新颖性为特征的陌生情况，因此，他们可以获得各种想法和观点。

竞争压力是指个体完成任务时在多大程度上想与他人竞争以获得奖励。与评价压力相似，研究者发现竞争压力也对个体创造力具有消极作用。阿马比尔（1982）同样以儿童为研究对象，采用拼贴画制作的实验范式对竞争压力与创造力的关系进行了实验研究，实验结束后由专家评定被试拼贴画的创造性。实验组中获得拼贴画得分前三名的被试将得到奖品，而控制组的被试则是随机抽奖。研究结果发现，实验组的创造力得分及与创造力相关的其他维度的得分均显著低于控制组的得分。

　　同时，研究者也注重考察在压力的不同强度下创造力的表现情况（Baer和Oldham，2006），如拜伦等（2010）采用元分析方法对76篇相关实证研究进行了分析，结果发现，较低的压力可以促进个体的创造性表现，而较高的压力则会降低个体的创造性表现。也有研究者使用前后测实验设计，通过分析有压力和无压力条件下的创造力及其各维度，以考察压力对创造力的影响（张景焕等，2011）。研究表明，竞争压力会提高总体创造力的表现，而评价压力则起到相反的作用，即会降低个体的创造性表现；时间压力对总体创造力不存在显著影响。此外，在创造力的具体维度上，时间压力提高了创造性思维的流畅性，而评价压力提高了创造性思维的独创性，竞争压力既提高了创造性思维的流畅性，又提高了创造性思维的独创性；但三种压力情境都对创造性思维的灵活性有阻碍作用。

　　在神经机制研究方面，研究者发现，由压力导致个体产生较高水平的皮层唤醒对问题解决会产生影响。具体来说，在高唤醒水平下，可能会抑制个体远距离联想的出现，而较低水平的皮层唤醒则使个体更易形成不同寻常的联系来促进创造性思维（Eysenck，1995）。也就是说，压力大可能会导致个体的远距离联想能力降低。

　　蓝斑核（locus coeruleus，LC）是位于脑干的一个神经核团，其功能与应激反应密切相关。应激反应激活蓝斑神经元，增强去甲肾上腺素的合成与分泌，从而增强前额叶的认知功能，提高动机水平，并激活下丘脑-垂体-肾上腺轴心，进而提高交感神经活动并抑制副交感神经活动。但额叶似乎能够对蓝斑核产生抑制性影响。这种较强的额叶抑制作用减少了蓝斑核的活动性，使得皮层中的去甲肾上腺素水平降低，因此激发创造性思维；而额叶去抑制会提高蓝斑核的活动性，皮层中去甲肾上腺素水平升高，这将不利于创造性思维的产生。

三、情绪及情绪调节

　　研究表明，诱发积极的情绪增加了认知灵活性，促进了创造性问题的解决（Ashby，Isen和Turken，1999；Rowe，Hirsh和Anderson，2007）。但也有研究者认为，情绪与创造力的关系可能呈倒 U 形（Chakravarty，2010）。情绪在一定程度上促进了创造力，但是超过某种限度，将对个体的创造力产生不好的影响。

莫里斯（Morris，1989）提出的认知调整模型（cognitive tuning model）认为，情绪是个体对环境安全与否的评估指标，个体依照情绪所提供的信号调整身体觉醒状态及认知系统的加工方式。消极情绪代表外界是危险的或自身资源是不足的，因此个体必须采取系统性、保守、严谨、按部就班的信息处理策略。反之，如果我们处于积极的情绪状态下，则代表环境无明显的危险且自身的资源充足，此时人们愿意冒险，同时也较富创意、容易产生不寻常的联想（Schwarz，1990）。因此，积极情绪有助于创造力的产生，而消极情绪则可能对创造力有负面影响。

有研究认为，高创造性思维水平者的基本激活水平在某种程度上稍高于低创造性思维水平者。高创造性思维水平者的基本激活水平在单词联想、创造性思维的纸笔测验、焦虑测验中比低创造性思维水平者高，其皮电与创造性思维测验得分呈正相关。高创造性思维水平画家的基本心率很快（Florek，1973）。高创造性思维水平者表现出自发皮肤电反应的波动，心率变异性更高，脑电图的 α 波的振幅有更多的可变性，表明处于创造灵感状态时有最大数量的激活可变性（Martindale 和 Hasenfus，1978）。可变性说明个体进行创造性活动时，可能在初级加工与刺激加工之间往返。

真实自豪是一种积极情绪，自大自豪则偏向消极情绪（Lewis，1999；Tracy 和 Robins，2008）。真实自豪与自大自豪来自不同的成功归因（分别是不稳定的和稳定的），在此基础上，研究者发现真实自豪与以掌握为导向的目标联系在一起，而自大自豪与以绩效为导向的目标联系在一起，即真实自豪和自大自豪与内在动机和外在动机相关（Damian 和 Robins，2013）。

研究发现，在音乐、艺术和科学等 10 个不同领域中，自豪感的倾向与创造性成就有关（Damian 和 Robins，2012），而创造性成就的取得源于多种因素的作用，包括创造性思维水平、动机、专业知识、个体经验和机遇等（Simonton，2000）。真实自豪与创造性思维呈显著正相关，自大自豪与创造性思维显著负相关（Damian 和 Robins，2012），这表明，自大自豪可能会降低一个人产生众多想法的能力，相反，真实自豪可以促进这些认知能力。上述研究进一步加深了我们对创造力的认识，以及明晰了自豪感对创造力的影响。虽然快乐被认为有益于激发创造力，但研究表明，快乐可能会阻碍那些傲慢自大的个体的创造力（Damian 和 Robins，2012）。

研究者们探讨了不同群体的情绪调节能力与创造力的关系。例如，有研究探讨了情绪调节能力对创造力的影响，以及个体的开放性经验、激情和坚持在这两者之间的作用。开放性反映了认知和经验广泛、复杂性和好奇心更强的倾向（Weber et al.，2014），是与创造力关系最紧密、最一致的人格维度。研究以 223 名私立学校的高中生作为被试，结果显示，情绪调节能力与创造力显著相关，开放性经验是情绪调节能力与创造力之间的重要调节因素，情绪调节能力通过坚持和激情的中介作用对创造性潜能高的个体产生影响，有利于其创造性行为表现（Ivcevic 和 Brackett，2015）。这意味着情绪调节能力只能预测开放性较高的个体的创造力，情绪调节能力本身并不能使一个人更具创造性（Torrance，1988），情绪调节能力可以帮助个体在追求创造性工作目标时保持激情和动力，从而激发个体的创造性潜能，这似乎有助于高度开放的个人（高创造性潜能的个体）管理和影响他们在创作过程中的情绪，将他们对新思想或艺术兴趣的偏好转变为创造性成就。

对于学龄前儿童，也有研究考察了其情绪调节策略与创造力的关系。研究具体分析了年龄、情绪调节策略和气质、创造性戏剧教学（如讲故事、角色扮演、假装游戏等）对学龄前儿童创造力发展的影响，对学龄前儿童使用的情绪调节策略进行了专门分类，并开发了一个创造性测验，该测验包括有用性这一测量指标。参加者为 116 名 4～6 岁的学龄前儿童，情绪调节策略的检查表和儿童气质量表通过课堂观察完成并由班主任填写，创造性戏剧教学是在三个班级中分高、中、低三个水平分别施加影响，创造力测试也是由班主任进行的。情绪调节策略检查表在研究者实地考察后增加到 6 个维度，包括认知、回避、攻击性、放松、分心和社交性，结果显示，更善于使用情绪调节策略的儿童的创造力表现更好，而且接近和坚持的积极气质对学龄前儿童的创造力有积极影响（Yeh 和 Li，2008）。还有研究考察了学龄前儿童的年龄、气质、创造性戏剧教学与情绪调节策略之间的关系，结果发现，年龄、气质、创造性戏剧教学与其情绪调节策略呈显著正相关，而且年龄、情绪调节策略、气质、戏剧教学能共同预测学龄前儿童的创造力。在预测因子中，情绪调节策略具有最高的预测力（Ivcevic 和 Brackett，2015）。

情绪调节能力是情绪智力（emotional intelligence，EI）的核心功能（Mayer 和 Salovey，1997），情绪智力直接涉及情绪调节和情感的使用（Mayer，Roberts 和 Barsade，2008）。假装游戏是考察儿童创造力的一种形式。霍夫曼和罗斯（2012）

选取从幼儿园到小学四年级的 61 名女童作为被试，探讨儿童假装游戏、创造力、情绪调节和执行功能之间的关系。选取游戏情感量表（the affect in play scale，APS）来测量假装玩耍能力，采用可能用途测验和讲故事任务来评估儿童的创造力，使用情绪调节检查表测量儿童的情绪调节能力。结果显示，假装游戏中的想象力与创造力呈正相关，创造力与情绪调节能力呈正相关，被父母认为情绪调节能力强的儿童在发散性思维任务中表现出更强的流畅性、独创性和灵活性。研究表明，父母认为具有更高情绪调节能力的儿童的创造性更好，在游戏过程中，这些儿童的想象力更丰富（Hoffmann 和 Russ，2012）。另外，罗斯（2014）对学龄前和小学阶段儿童的研究也表明，情绪调节能力和假装游戏的表现之间存在关联。还有研究发现，情绪智力与创造性人格显著相关，并且情绪智力高的个体能够创造出高质量的创造性作品（Guastello，Guastello 和 Hanson，2004）。

此外，还有研究考察了公司员工的情绪智力在维持和利用创造力方面的积极作用，即情绪智力两个方面（情绪调节和情绪促进）如何影响员工的创造力，以及影响的机制。研究结果显示，情绪调节能力使员工在面对独特的知识加工要求时，能够维持较高的积极情绪，而情绪促进能力使员工能够利用积极情绪来提高创造力。这表明，高情绪调节能力可以促进员工选择更有效的情绪调节策略来提高积极情绪，从而有利于员工产生更高水平的创造性工作（Parke，Seo 和 Sherf，2015）。

四、认知灵活性

认知灵活性是指个体在解决问题的过程中能够发现不同的解决途径，从而采取更加灵活的方式适应问题情景，进而实现特定目标的能力（Martin，2001）。有研究者将认知灵活性的概念进一步定义如下：①个体能够在面临新的问题解决情景时产生选择意识，并能灵活地对解决方案进行选择；②个体愿意灵活地去适应外部环境；③个体拥有自信，相信自己能够出色地应对各种问题（Martin 和 Rubin，1995）。

研究指出，具有高认知灵活性的个体具有较高的创造力（Abelina，2010）。同时也有研究证实，具有低创造力的个体的认知控制能力不如高创造力的个体灵活（Groborz 和 Necka，2003）。此外，认知灵活性在情绪与创造力之间起中介作用（Dreu et al.，2003）。根据创造力的双通道模型的观点，积极情绪能促进个体认知的灵活性，从而使其认知范围扩大、信息加工的速度提高，引发更高水平的认知流畅性和独创性反应，进一步提高了个体的创造力；相反，消极情绪会导致认知范围缩小、灵活性降低，但也可以通过提高认知持久性，从而提高创造力（De Dreu，Baas 和 Nijstad，2008）。

认知灵活性会影响顿悟问题解决中的抑制解除机制。研究发现，不同类型的练习对顿悟表征转换有影响，如相比在简单的练习类型下，被试在难度递增的练习类型下抑制解除得更快、顿悟产生得更早；同时认知灵活性与练习类型的相互作用影响顿悟问题解决，如在难度逐渐增加的练习类型下两者无差异，但在简单的练习类型下，相比认知灵活性低的被试，认知灵活性高的被试抑制解除得更快，顿悟产生得更早（姚海娟、白学军和沈德立，2008）。

去甲肾上腺素在调节认知灵活性方面具有核心作用（Rooij et al.，2018）。去甲肾上腺素系统唤醒和创造过程之间的联系已经通过去甲肾上腺素系统的直接药理学操作或通过研究去甲肾上腺素系统中内源性变化（即睡眠和清醒状态）对行为和认知的影响进行了检验（Folley et al.，2003）。有研究考察了去甲肾上腺素活性药物治疗期间个体问题解决任务的表现。研究比较了中枢和外周去甲肾上腺素拮抗剂的作用，进一步揭示了在解决问题的任务过程中，去甲肾上腺素对认知灵活性的调节作用，其作用通过中枢反馈机制发生（Beversdorf et al.，2002），这与早期报道的中枢去甲肾上腺素系统对创造性任务期间认知灵活性的影响一致（Martindale 和 Greenough，1973）。

解决问题可以对去甲肾上腺素系统调控状态的依赖性进行评估，第一种状态是上调去甲肾上腺素系统的情况，这降低了认知灵活性；而第二种状态涉及下调去甲肾上腺素系统的情况，这增强了认知灵活性。例如，通过增加情境压力来使去甲肾上腺素提高可能会削弱个体的认知灵活性，从而削弱其创造力表现（Beversdorf et al.，1999）。而与情境压力大的情况相比，人们在放松时似乎具有更好的创造力表现（Faigel，1991）。

此外，语义记忆与创造力的个体差异之间的研究也表明了高创造力个体的语义网络更具灵活性的特点。1962 年，梅德尼克最早提出了语义记忆结构与创造力个体差异之间的关系，他认为高创造性个体和低创造性个体的语义记忆结构是不同的，他将这种结构称为"联想层次"，但目前对于"联想层次"的定义仍非常模糊。

近年来，越来越多的计算研究运用神经网络模型考察语义记忆和创造力之间的关系。语义神经网络是指语义记忆中的概念以某种方式组织在一起，这种结构允许自发性思维的发生。运用该模型对著名诗人的作品进行分析，即通过提取他们的联想网络（该联想网络是基于他们的文本语词库，其中包含不同程度的创造性语言）。研究他们的神经网络模型能否解释"更具创造性"的诗歌文本与"缺乏创造性的"、结构更有条理的散文文本之间的联想网络之间的差异，结果表明，"更具创造性"的诗人的语词库呈现出比"缺乏创造性"的散文语料库"更平坦"的联想分布（Doumit et al.，2013）。

此外，有研究采用网络科学方法对个体之间的结构差异进行了调查。首先对大量个体样本进行了一系列创造力的测试，包括完成远距离现象任务、发散性思维任务和隐喻理解任务，然后将被试分为高创造力个体和低创造力个体两个小组，紧接着针对关注的语义创造性，研究者又把小组成员分成低语义创造性个体和高语义创造性个体（Kenett et al.，2014），运用基于自由联想的网络科学方法，让语义记忆网络结构的 96 个线索词在低语义创造性个体和高语义创造性个体中表示出来。分析表明，与低语义创造性个体相比，高语义创造性个体的语义记忆网络不那么僵化。同时，与低语义创造性个体相比，高语义创造性个体的语义网络具有较低的平均最短路径长度和较小的网络模块，以及较高的语义灵活性。研究者认为，较短的路径长度和较小网络模块有助于高语义创造性个体在语义网络中更有效地传播信息，从而增强远距离联想时各节点之间的联系。这些研究发现为梅德尼克提出的高创造力的个体具有更高的灵活性的语义网络结构，且他们在生成自由联想时可以使检索策略更加有效的网络理论提供了实证性的证据。

五、工作记忆

工作记忆是一个有限的容量储存系统，在推理、创造性思维和阅读理解等认知活动中起重要作用（Baddeley，2003）。认知抑制反映了工作记忆中央执行系统的控制功能，而发散性思维是创造性思维的核心，需要提取信息，并对一个特定的项目做出一系列反应变化，因此工作记忆容量可能对这种认知过程产生影响。研究表明，创造性思维与工作记忆之间部分由基因起中介作用，能够增加精神病风险的流行基因类型神经调节素 1（NEG-1）基因与工作记忆容量减少（Stefanis et al.，2007）和创造性思维水平提升（Kéri，2009）之间的联系。

研究者探讨了认知抑制、工作记忆和创造力之间的关系。例如，有研究以负启动任务测量认知抑制的高低，并测量工作记忆广度，发现工作记忆广度大者表现出较稳定的负启动效应，而工作记忆广度小者则没有（Conway et al.，1999）。这表明，工作记忆广度大者的认知抑制能力更强且更稳定，而工作记忆广度小者的认知抑制能力更差且不稳定。创造力与精神病理学之间的联系已经得到了很好的验证，但是区分高度创造力和精神病理学的特定认知过程值得进一步研究。有研究证明了通过智商、执行功能、空间工作记忆能否区分早期精神病患者、临床上易受伤害的创造性个体、创造性控制和非创造性控制个体，结果发现，空间工作记忆作为早期精神病的神经认知标志物提供了进一步的支持。空间工作记忆可能是临床上易受伤害的年轻创造性个体的早期保护因素。

王译（2011）通过两个实验考察了工作记忆广度、中央执行功能与创造力的关系。实验 1 中，以两个工作记忆跨度维度为实验变量，即言语工作记忆跨度（VWMS）和空间工作记忆跨度（SWMS），研究不同记忆广度组创造力的情况。结果发现，工作记忆跨度与创造力呈显著正相关，但与言语工作记忆跨度和创造力之间的相关性相比，空间工作记忆跨度与创造力之间的相关性更为接近和普遍。在创造力成绩上，高言语工作记忆跨度组对创造力的影响明显大于低言语工作记忆跨度组，高空间工作记忆跨度组对创造力的影响明显大于低空间工作记忆跨度组，方差分析结果显著。在实验 2 中，进一步考察了 3 个中央执行功能（抑制功能、转换功能、刷新功能）对创造力的影响分布。结果发现，工作记忆广度和中央执行功能对创造力有显著的影响，工作记忆广度中视空间工作记忆广度对创造力的影响较大，言语工作记忆广度影响较小；中央执行系统的 3 个子功能对创造力有不同程度的影响，抑制功能和刷新功能对创造力有显著性影响，转换功能对创造力影响不显著，其中抑制功能对创造力影响最大。

此外，林纬伦（2010）探讨了不同创造力形式（发散性思维任务和创造性问题解决任务）与认知抑制、工作记忆广度三者之间的关系。在实验 1 中，研究者使用新的创造力测试和创造性问题解决任务对被试进行筛选，并将其分为高发散思维水平组、高创造性问题解决组和一般组，然后被试接受消极引诱任务和提取性诱发遗忘任务来测量认知抑制。结果发现，在负启动条件下对第二个刺激的反应时间明显慢于对照条件，但是不同创造力组的主效应和交互作用并不显著，经过事先比较，一般组有显著的负启动效应，而高发散思维水平组和高创造性问题解决组没有发现负启动效应。在提取诱导遗忘效应方面，高创造性问题解决组和一般组对 Rp-例子的回忆率明显低于 Nrp-例子，显示出稳定的提取诱导遗忘效应，而高发散思维水平组没有显示出提取诱导遗忘效应。用 Nrp 和 Rp-例子的正确回忆率之差（即提取诱导遗忘效应的量）作为抑制效应的指标，组间比较发现，高发散思维水平组的抑制效应明显小于高创造性问题解决组和一般组，但高创造性问题解决组和一般组的抑制效应无明显差异。不同形式的创造力可能涉及不同的认知抑制，发散性思维想法的输出与认知抑制的减少有关，而与普通人相比，创造性问题解决者需要较高的认知抑制水平。

在实验 2 中，研究者根据火柴棒计数问题的结果区分了高、低创造性问题解决组，并继续进行负启动任务和提取诱发遗忘任务来测量认知抑制，同时进行"创造性问题解决任务"来比较火柴棒问题的成功率和"创造性问题解决任务"的成功率与新角度假设的数量之间的关系。研究发现，高创造性问题解决组对 Rp-例子的回忆率明显低于低创造性问题解决组对 Nrp-例子的回忆率，这表明在顿悟性问题解决中，高、低创造性问题解决者都有稳定的提取-诱发遗忘效应。负启动任务结果显示，高、低创造性问题解决者在命名 Stroop 刺激词义和色块颜色的反应时显著无差异，说明高创造性问题解决者抑制先前项目的干扰情况没有明显差异。高创造性问题解决者在"创造性问题解决任务"上的正确率明显高于低创造性问题解决者。在假设类型方面，高创造性问题解决者比低创造性问题解决者产生了明显更多的新角度假设，而在修订的假设或假设总数方面，两组之间没有明显的差异，这表明成功解决火柴棒问题的个体在解决"创造性问题解决任务"时也能产生更多创造性的新角度假设，这支持"创造性问题解决任务"与传统顿悟问题的相关性。

在实验 3 中，被试被要求执行一项创造性思维任务（新的创造性思维测试或"创造性问题解决任务"），其中一半被试被要求在执行创造性思维任务的同时需要报告一项反复出现的数字任务（称为双任务组），另一半被试执行单一的创造性思维任务（称为标准组），以探索工作记忆资源是否是在聚合性问题中产生创造性想法的关键。结果发现，双任务组解决问题的成功率明显低于标准组，即双任务组产生的新角度假设比标准组少。在其他假设类型方面，双任务组产生的修正假设明显少于标准组。上述结果与研究者的预期一致，即双任务操作会阻碍创造力的表现，也就是说阻碍个体解决创造性问题或提出新角度假设。然而，双任务操作非但没有降低发散性思维测试的分数，反而提高了被试在发散性思维测试的每个因素上的分数。例如，在语言测试中，双任务组在流畅性方面的得分明显高于标准组；在图形测试中，双任务组在流畅性、变化性和标准总分方面的得分明显高于标准组。这表明，对于不同的创造性任务，工作记忆影响了"创造性问题解决任务"测试中的创造性表现，但在发散性思维测试中却提高了创造性表现。

上述因素均可能影响创造力个体的认知抑制能力，但这些因素的影响机制和效果仍需要更多的实验研究来进行验证，并且还需要对其他影响因素进行深入挖掘和分析。

六、认知负荷

认知负荷（cognitive load）是指个体在执行一项具体任务的过程中，在个体信息加工系统中施加的负荷（Paas 和 Van Merrienboer，1994），是认知资源的一个重要指标。有研究者基于认知的双过程模型探讨了认知负荷对创造力的影响，该模型将工作设计的影响与创造力联系起来。一方面，创造性思维是从深思熟虑的"沉思"开始的，因为个体要在认知加工中去寻找类比联系以形成新的解决方案（Feinstein，2006；Feinstein，2017）。随着搜索变得更加自动化且难度增加，这种搜索模型意味着从系统 2 处理切换到系统 1 处理时受到的其他因素（如压力或时间压力）影响会破坏创造力（Elsbach 和 Hargadon，2006）。因此，认知负荷影响个体的决策过程，有可能限制创造力（Allred et al.，2016）。例如，在一项研究中，研究者让公司的员工反思自己的创造力，发现参与者在长时间专注于一项任务时具有更大的创造性思维，而参与者在精神分散或在工作日需要进行多任务处理时，创造力会降低。

另一方面，有些学者认为创造力依赖于系统 1 和系统 2 处理的组合，因为它是产生和评估想法的过程。虽然系统 2 处理与聚焦有关并在评估中发挥作用，但在生成阶段过多的聚焦可能会适得其反，因为它可能会使人看不到新颖的创造性解决方案（Wiley 和 Jarosz，2012）。研究发现，认知负荷和发散性思维任务的流畅性指标之间呈倒 U 形关系（Corgnet et al.，2016）。同样，通过对醉酒被试和侧额叶皮层受损被试进行实验发现，他们在不同创造性任务下的表现优于正常被试（Jarosz et al.，2012；Reverberi et al.，2005）。这些研究可能意味着分散对当下问题的注意力会导致认知负荷，产生更大的创造力。

经济心理学领域的相关研究还分析了各种情况下认知负荷与决策之间的关系。德克和贾瓦赫里（2015）回顾了相关文献，阐述了控制认知负荷的不同方法。斯威勒等（2011）首次使用常见的双任务设计直接测试认知负荷对创造力的影响，在实验中评估了参与者在三种不同认知负荷水平下的可能用途任务（AUT）中的创造力，让参与者同时记住不同长度的数字。为了衡量多样性，研究者使用潜在语义分析来比较参与者在不同治疗中的想法的相似性（Torrance，1975）。结果表明，引入认知负荷会减少创意的数量和多样性。以上表明，要想激发创造力，应该仔细考虑工作设计（如工作量、分工和截止时间），以减轻认知负荷对创造力的负面影响。

七、认知风格

认知风格（cognitive style）又称认知方式，指个体在信息加工过程中表现出来的体现其个性化和一贯性的偏好方式，也是个体在认知活动领域感知、记忆及在思维过程中所具有的稳定风格的体现。在有关认知风格的理论中，最具有代表性的就是 1977 年由威特金提出的场独立型-场依存型理论。该理论明确指出，场独立型-场依存型维度是双极性（bipolar continuum）的连续体，是反映人格特征的重要维度，其两端分别代表极端的场独立型和极端的场依存型，每个人在连续体上都占据着一定的位置。

认知风格可以被最直接地定义为感知、记忆和思维模式的个体差异，或者是理解、存储、转换和利用信息的独特方式。1967 年，美国心理学家吉尔福特曾对有创造性才能的中学生进行了多方面的研究，研究发现，有创造性才能的学生具有的人格特征之一是思维独立性强。2001 年，岳晓东对大学生创造力特征的认知调查结果表明，在高创造力特征的内隐认知上，大学生一致看重的条目包括有创造力、创新、有观察力、有思考力、愿做尝试、灵活性、有自信、有想象力、有好奇心、有个性和有独立性等；而在对低创造力特征的内隐认知上，大学生一致认同的条目包括呆钝、保守、跟随传统和愿做让步。这表明，高创造力与有独立性的人格是高度相关的。

研究表明，场独立型和场依存型的个体在认知任务的加工解决及创造性思维方面存在着显著的差异。有研究者认为，场独立类型的人的认知改组技能发展得更好。吉尔福特（1967）认为，个体场独立型分数高低除了与发散性加工和其他信息内容有关外，还与需要从事的各种任务相关。由于场独立型对认知转化有促进作用，场独立型特征对创造力有很大价值。1995 年，马丁森探讨了同化者-探索者维度的认知风格与顿悟问题解决的关系，他认为，过去的经验对顿悟问题的解决是否有促进作用主要取决于问题解决者的认知风格取向。结果表明，有高水平的相关知识经验的同化者解决顿悟问题的成绩更好，而有低水平相关知识经验的探索者解决顿悟问题的成绩更好。

武欣和张厚粲（1997）也认为，场独立型强是富有创造性者的人格特点之一。有研究者选取大学生进行认知风格测验和创造力测验，考察了不同认知风格类型与创造性分数之间的关系。结果表明，不同认知风格的大学生在创造性思考测验总得分上存在显著差异。具体来看，场依存型大学生的得分明显低于场独立型大学生；场独立型大学生在创造力的四个特征，即独创性、精细性、流畅性、变通性方面的得分高于场依存型大学生。

唐殿强等（2002）采用"镶嵌图形测验"对高中生进行了认知风格和创造力的调查，结果表明，场独立型和场依存型的高中生在创造力的流畅性、变通性、独创性和创造力等方面的总分均存在显著的差异，场独立型学生在创造力的三个特性方面的得分及总分均明显地高于场依存型学生。研究者认为，一个人要进行创造性活动，就需要打破已有的知识经验，场独立者认知改组技能发展得较好，有利于其改组自己已有的知识经验，表现出较高的创新能力；而场依存者认知改组技能较差，很难摆脱原有知识经验的束缚，故表现出较低的创造力。并且场独立型学生善于抽象逻辑思维，能够对问题进行深入探讨和分析，这才有可能从多角度、多方向地思考问题，在短时间内产生数量较多的新颖观点，从而表现出较高的创造力。

此外，有研究者对13～14岁新加坡学生的视觉能力、视觉认知风格和创造力（艺术和科学）之间的多维关系进行了研究。来自新加坡两所中学的370名学生接受了10项任务，研究评估了他们的视觉认知风格及特定领域的艺术和科学创造力。研究发现，艺术创造力和科学创造力在13～14岁的学生中是明显分离的，即学生的艺术创造力高，其科学创造力却并不高。视觉能力和相应的认知风格（对象和空间）分别能够显著预测艺术和科学创造力。研究结果表明，特定领域的视觉创造力与相应类型的视觉能力和认知风格同时发展，并且社会文化（如认知风格所反映的那样）也会影响特定领域创造性表现的发展。

从上述研究可以发现，目前研究者主要围绕个体的认知风格类型和创造力，并探求这两者之间的相关性，研究创造性的思维特性，而对创造性的过程，如顿悟过程等的研究相对较少。对于创造性的顿悟过程与认知风格的关系，有待进一步的验证。

八、人格

人格是影响创造性思维的一个重要因素（孙鹏、邹泓和杜瑶琳，2014；张洪家、汪玲和张敏，2018）。人格心理学与创造力的理论和研究都有一个本质上的共同点：强调个人的独特性。在心理学中，创造力和人格一直存在紧密联系。20 世纪 50 年代，吉尔福特提出"创造性人格"这一概念，在此之后很多学者相继提出了关于人格的理论模型，来阐述人格与创造力之间的关系。

1987年，麦克雷和科斯塔提出了人格五因素模型（FFM），这是目前探究人格类型对创造力影响研究中常用的人格维度之一。人格五因素模型下的 5 个人格维度分别是开放性、外倾性、尽责性、宜人性和神经质。在创造力和人格五因素的研究中，发现创造力仅与外倾性关系密切，而与其他四因素没有关系（Martindale 和 Dailey，1996）。但后来研究发现，五大人格特质中的外倾性和开放性可以有效预测个体创造性行为（Madrid et al.，2014）。

开放性是与创造力最相关的人格特征，对创造力发挥着积极的预测作用（刘怡和段鑫星，2020）。有研究曾针对人格和创造力的关系进行了为期 45 年的纵向研究，结果证实人格的开放性与创造力的评分呈显著正相关。开放性个体会更乐于接受新思想，喜欢探索新环境，而创造力的产生恰恰需要探索新的思维方式。因此，开放性个体可能会更具有创造力（Soldz 和 Vaillant，1999）。

内外倾与创造性思维相关（Furmham 和 Bachtiar，2008）。研究者通过 16 PF 测试了杰出艺术家和作家的人格特征，并将该人群与正常或标准化人群进行了比较，结果发现，富有创造力的艺术家和作家与正常人群的不同之处在于他们更聪明、情感成熟和敏感、喜欢占主导地位、敢于冒险、激进、能够自给自足。拉什顿（1983）对大学教授的创造力和教学效果相关的人格特征进行了两项独立的研究，发现创造性研究人员被认为具有喜欢寻求确定性、表现出领导力、喜欢占主导地位、有侵略性、好独立等特点。还有研究发现，情绪和人格类型存在交互作用，外倾型个体在积极情绪条件下的流畅性更高，内倾型个体在消极情绪条件下的流畅性更高（Naylor，Kim 和 Pettijohn，2013）。但是，该研究并没有涉及中性情绪，也不包括灵活性和独创性等维度，对于情绪和人格类型对创造性思维的影响的探讨还不全面。

第三节　认知抑制与创造力关系的神经机制研究

创造力是人类生存的基本能力，渗透到生活的各个方面。然而，创造力背后的神经机制在很大程度上尚未被探索出来。近年来，随着认知神经科学的兴起和发展，具有出色的时间分辨率的脑电图（electroencephalogram，EEG）和具有出色的空间分辨率的脑功能成像（brain function imaging）为探讨创造性思维的脑机制、直接观察脑在处理复杂信息时的活动状况提供了强有力的研究手段。目前，EEG 和功能性核磁共振（fMRI）已被用于更好地理解创造性意念在我们的大脑中的表现，研究者们采用多种技术对创造力的认知神经机制进行了不同角度的研究，并取得了较为丰硕的成果。

一、脑结构成像研究

创造性认知科学已经从广泛的、行为导向的研究分离出来，最初研究趋同于发散思维，更具体的研究旨在测量创造力的结构及其如何在大脑的结构和功能中表现出来。目前，创造性认知大致通过 3 个领域来衡量：创造潜力（个人创造新颖和有用事物的认知能力）、日常创造力（个人在日常生活中创造原创事物的能力和创造性成就）、个人在现实生活中的创造性贡献（如为电影写剧本）（Carson et al.，2005）。创造力领域进一步剖析了这些结构，阐明了评估创造性、新颖性的几个领域，如发散思维、流畅性、图像、推理和顿悟。

有调查研究了正常参与者日常创造性成就的神经解剖学相关性，发现创造性成就问卷得分与左外侧眶额回（LOFG）内的皮质厚度降低和右角回（AG）的厚度增加有关（Jung et al.，2010）。还有研究发现，创造性成就问卷得分与喙前扣带皮层（ACC）体积减小有关，并且艺术和科学创造力与执行控制网络和显著网络中体积的增加和减小有关（Shi et al.，2017）。

具体来说，在艺术创造力测量中，研究者发现左颞上回延伸到颞中回和右顶上回的厚度成反比，而左上颞中回与语言创造力和想象力有关，右顶上小叶参与视觉刺激序列的心理重新排序（Gansler et al.，2011）。朱等人发现双侧顶叶上皮层与语言和视觉创造力呈负相关（Zhu et al.，2017）。同时，研究者们还观察到杏仁核与艺术创造力有关，与自发和情感功能有关，并与许多音乐创造力研究有关（Bashwiner et al.，2016）。左杏仁核体积减小和左尾状核体积增加与更高的艺术创造力相关，与非专家相比，创意作家的左尾状核激活增加（Erhard et al.，2014）。

对于科学创造力，研究者发现，左中央前回在视觉空间创造力任务期间被激活（Boccia et al.，2015）。岛叶与一般智力和流体智力有关（Haier et al.，2004），岛叶的激活与额上区域内更高的发散思维表现负相关。然而，也有其他研究发现，右额上回体积增加与创造力和认知灵活性相关（Wertz et al.，2020）。

迪特里希和坎苏（2010）指出，创造性思维并不严重依赖于特定的单一心理过程或特定的大脑区域。博恰克等（2015）对 45 项磁共振成像研究的元分析表明，创造力依赖于多组件神经网络，并且三个不同认知领域（音乐、语言和视觉空间）的创造性表现依赖于不同的大脑区域和网络。例如，音乐创造力在由双侧内侧额回（MeFG）和后扣带皮层（PCC）、左中额回（MFG）和顶下小叶（IPL）、右中央后回（PoCG）和梭形回（FG），以及双侧小脑组成的双侧网络中表达激活；言语创造力网络以左半球为主，由左 MFG 的几个激活灶、顶下小叶（IPL）、SMG、枕中回（MOG）、颞中回（MTG 和 STG）、双侧额下回（IFG）、岛叶、右舌回（LG）和小脑组成；视觉空间创造力依赖于略微右半球主导的网络，包括右侧 MFG 和 IFG 的激活灶、左侧中央前回（PrCG）和双侧丘脑。

此外，在特定创意领域的神经解剖学方面，有研究者对专业喜剧演员、业余爱好者和对照组分别进行了 MRI 解剖扫描，提取每个参与者的皮质表面积（回旋和沟深度）及厚度的测量值。与对照组相比，专业喜剧演员左下颞回、角回、楔前和右内侧前额叶皮层的皮质表面积更大，这些区域与抽象的发散思维和默认模式网络有关（Brawer et al.，2021）。以往的研究发现，专业喜剧演员大脑中表面积较大的区域与其在喜剧即兴创作期间表现出更大激活的区域（特别是时间区域和角回）高度重叠（Amir 和 Biederman，2016），表明这些区域可能与幽默创造力显著相关。

少数动物研究也为大脑与创造性认知之间的联系提供了有价值的见解。例如，考夫曼等（2011）提出了一个三级创造力模型（新颖性、观察学习和创新行为）。首先，关于新颖性，他认为认知能力与海马（HPC）功能有关，而寻求新颖性可能与中脑边缘多巴胺系统有关。其次，观察学习，其复杂性较高，从模仿创造性行为到创造性行为的文化传播，其除了依赖额叶大脑区域外，应该在很大程度上依赖于小脑。最后，创新行为，如创造工具或展示一种行为，并具体认识到它是新颖和不同寻常的，特别依赖于前额叶皮层和左右半球功能之间的平衡。

二、脑功能成像研究

创造性是人类智能的高级表现。有研究者采用神经科学方法对创造性思维进行研究，发现个体在创造性思维活动过程中显著激活了很多脑区，这些脑区并不统一，但这些脑区也存在起抑制作用的相关脑区，如前额叶皮层（prefrontal cortex）和前扣带回皮层（anterior cingulated cortex，ACC）。

关于创造性认知的神经相关性，许多研究指出，前额叶皮层是产生新想法和抑制普通解决方案的主要大脑区域之一（Carlsson et al.，2000）。前额叶位于大脑额叶最前方，在额叶运动区和辅助运动区之前，被认为是主动控制大脑网络和抑制控制器的组成部分。由于前额叶皮层在创造性思维中扮演着核心角色，因此也被认为是从青春期到成年期解决问题和产生想法的重要参与加工的脑区（Cassotti et al.，2016）。

廖舒（2013）采用静息态脑功能磁共振成像技术，通过托兰斯创造性思维测验对个体的创造性能力进行考察。在实验过程中，以物体的不寻常用途测验为训练任务，考察被试的创造性与脑功能连接之间的关系。在训练任务开始前，测量得出的被试静息态结果表明，创造性得分和内侧前额叶与颞中回的功能连接强度显著正相关。而训练任务完成后，被试的创造性得分与内侧前额叶及颞中回的功能连接强度无显著相关性。进一步分析表明，训练任务开始前，高创造力组和低创造力组被试的内侧前额叶与颞中回的功能连接强度存在显著差异，即低创造力组显著低于高创造力组。但在训练任务完成后，两组被试的功能连接强度差异不显著。这些结果表明，创造性可能与默认网络内的内侧前额叶与颞中回的功能连接的增强有着密切的联系，而且这种强度可通过创造性任务的训练得到提升。

个体在创造性思维活动过程中显著激活的与执行控制相关的脑区——前扣带回皮层位于大脑额叶内侧，与创造性思维紧密相关（Ashby，Isen 和 Turken，1999）。

对于半球大脑偏侧化与创造性思维（即制定和产生新想法）的关系，研究通过元分析揭示了右半球在创造性思维中的相对优势（Mihov et al.，2010）。然而，研究分析显示，许多创造性任务的主要右半球激活没有差异。还有研究通过测量休息期间的区域脑血流量和不同的创造性语言任务，分析了创造力与半球不对称之间的联系。高创造力者在砖块任务中表达双侧正面激活，即在该任务中参与者需要说出物体的可能用途，而低创造力者则有单侧激活。重要的是，在单词流利度测试和砖块测试中，高创意组表现出额叶区域的脑血流量活动增加或不变，而低创意组则表现出额叶区域的脑血流量减少（Carlsson et al.，2000）。

三、脑电波研究

在过去 20 年的研究中，创造性想法产生期间的 α 神经振荡被证明对创造力高度敏感（Fink 和 Benedek，2014；Lin et al.，2021；Ye et al.，2021）。此外，有研究者使用发散思维测验对个体差异进行研究，结果发现有创造力的个体比没有创造力的个体具有更高的 α 能力（Fink et al.，2009）。总而言之，这些研究结果揭示了在发散性思维任务期间 α 能力与创造性思维之间的关系。研究发现日常创造力和发散性思维水平正相关（Plucker，1999；Jauk et al.，2014）。然而，目前研究人员尚未确定个体的日常创造力差异如何影响创造性思维中的 α 能力。

α 皮质活动已被证明对与创造力相关的需求特别敏感，但其在创造性认知背景下的功能意义尚未得到证明。具体来说，响应创造性思维的 α 活动增加（α 同步）可以用不同的方式解释：作为皮质的功能相关性、作为内部自上而下活动的标志，或者更具体地说，作为大脑区域的选择性抑制。有研究者在采用两项不同神经生理学测量方法（EEG 和 fMRI）的研究中测量了创造性思维期间的大脑活动。在这两项研究中，参与者都完成了 4 个口头任务，这些任务以不同的方式借鉴了创造性想法的产生。脑电图研究表明，原始想法的产生与额叶大脑区域的 α 同步，以及顶叶皮质区域的 α 同步的广泛性有关。fMRI 研究表明，任务表现与左半球额叶区域的强烈激活有关，创造性思维期间的脑电图 α 同步可以作为积极认知过程的标志。

关于日常创造力的神经机制的最新研究中，研究者让 75 名被试首先完成了创造性行为清单，这是一种评估日常生活中创造性行为的工具。被试还在 EEG 评估期间完成了可能用途测试任务，以评估创造性思维。α 能力（alpha power）用于量化创作过程中的神经振荡，而 α 相关性（alpha coherence）用于量化创意过程中额叶区域与其他部位之间的信息交流。将这两种与任务相关的定量措施相结合，以研究日常创造力的个体差异和创意想法产生期间的脑电图 α 活动之间的关系（Fu et al.，2022）。在此项研究中，研究者考察了创造力的个体差异如何影响脑电图 α 活动。在创意构思过程中，观察到被试的右半球额叶皮质的 α 功率增加，同时伴随着额叶部位与顶叶和颞叶部位之间功能连接增加。此外，具有较高日常创造力的个体在执行创造性构思任务时，右半球额颞区的相关性变化增加。这可能表明，具有较高日常创造力的个体具有较强的专注于内部信息处理和自下而上的刺激控制能力，以及能够在执行创造性构思任务时更好地选择新颖的语义信息。

以往研究认为，α 波活动同步性反映了一种神经元网络中激活信息加工减弱的状态。但最新研究发现，α 波同步性也可能反映了某些类型的自上而下的抑制控制，以阻止信息加工被外部新颖刺激打断（Sauseng et al.，2005；Klimesch，Sauseng 和 Hanslmayr，2007），因此出现了 α 波抑制假设（alpha inhibition hypothesis），主张创造性观点产生时的 α 波同步性也可能反映出集中注意增强或者大脑神经元回路警觉的一种状态。芬克等（2009）利用 fMRI 和 EEG 两种技术对发散性思维任务训练组和控制组的神经机制进行探讨，并记录被试完成言语创造性思维任务时的大脑活动。EEG 结果显示，新颖观点的产生与额叶的 α 波活动同步性相联系，并在顶叶皮层出现 α 波同步性扩散；fMRI 结果显示，左半球额叶在新颖想法产生时出现显著激活，并且在顶颞脑区出现与任务相关的效应。左半球脑区的激活可能反映了语义表征的选择和对被激活的竞争信息的抑制（Jung Beeman，2005）。因此，芬克认为，α 波同步性的提高可能并不代表大脑皮层唤醒水平降低，而是反映了一种积极的认知加工。

四、神经化学和基因相关研究

目前"认知-行为基因组学"这一交叉学科发展迅速，因此关于创造力和遗传基础的研究也已深入细胞分子水平。在该方向的研究中，与传统的家族谱系或双生子研究法相比，这些研究会更加精确，不仅能获得更加丰富的信息和定量化的实验证据，还进一步加深了学界对创造力的理解。目前关于与创造力相关联的基因的基础研究，主要集中在多巴胺、去甲肾上腺素、候选基因等方面。

前文曾提到，创造力可以被定义为产生新颖和适当的反应的能力。评估创造力的一种方法是测量发散思维能力。有研究支持多巴胺能在创造性思维和行为中发挥作用。在关于健康个体的创造力与多巴胺 D2 受体表达之间关系的研究中，研究者重点关注了以往研究中多巴胺能功能异常与精神病症状和精神分裂症遗传易感性相关的区域，结果发现，发散思维测验得分与区域 D2 受体密度相关（De Manzano et al.，2010）。通过采用正电子发射断层扫描雷氯必利和放射性配体 FLB 457，结果显示，发散思维得分与丘脑 D2 密度之间存在负相关，在控制年龄和一般认知能力时也是如此（Manzano et al.，2010）。研究表明，D2 受体系统特别是丘脑功能，对个体的创造性表现至关重要，并且可能是创造力和精神病理学之间的关键联系。在没有遭受精神疾病的健康个体中，D2 受体系统可能是提高个体发散思维测试表现的关键。

发散性思维能力已被证明与多巴胺（dopamine，DA）活性有关，并且在多巴胺功能障碍人群中出现了发散性思维能力的受损。鉴于发散性思维能力和多巴胺系统之间的强烈关联，有研究观察了 185 个健康个体，以确定 DRD4（多巴胺受体 D4）基因外显子 3 中重复多态性对创造力的影响。结果表明，与非携带者相比，携带 DRD4-7R 等位基因的个体在发散性思维测试中的得分显著较低，特别是在发散性思维的灵活性维度上（Mayseless et al.，2013）。研究结果将创造性认知与多巴胺系统联系起来，并表明神经和精神疾病中的 DA 功能障碍可能是这些个体创造力和认知灵活性受损的原因。

多巴胺能系统涉及与奖励、注意力、强迫症等相关的认知功能的各个方面。研究表明，多巴胺能系统可以通过电路和通路的选择性增强来协调整合信息（Grace，2010）。弗莱厄蒂（2005）发现寻求新颖性和创造性驱动力受到中脑边缘 DA 的影响。后来，切尔马希尼和霍梅尔（2010）揭示了自发眨眼率能预测两种思维（聚合思维和发散思维）的灵活性，但方式不同。值得注意的是，聚合思维与智力之间存在正相关关系，但与自发眨眼率呈负相关，这表明个体的聚合思维损伤与更高水平的多巴胺之间存在相关性。此外，有研究探讨了自发眨眼率与执行功能（如心理模式转移、反应抑制）之间的关系。研究表明，增加自发眨眼率（即增加多巴胺）与更好的心理模式转移和反应抑制之间存在相关性，自发眨眼率水平的增加与心理转换和反应抑制相关任务的准确性提高有关（Zhang et al.，2015）。

有研究对额纹状体网络中的创造性认知和多巴胺调制进行了综述。他们整合了来自不同实验任务（即创造性构思、发散性思维或创造性解决问题）和各种研究方法（例如，观察多巴胺受体基因的多态性、测量多巴胺活性的间接标志物、操纵多巴胺系统或观察多巴胺活性失调的临床人群）的结果发现：虽然文献表明纹状体和前额叶多巴胺之间存在功能差异，但似乎纹状体多巴胺和前额叶多巴胺的功能水平必须适中，才能通过促进灵活的处理和实现持久性驱动的创造力来促进创造性认知（Boot et al.，2017）。

此外，更好地理解创造力的一个关键步骤是揭示其潜在的遗传结构。在描述创造力和思维流畅性的遗传基础时，罗伊特等（2006）定义了第一个创造力候选基因。朗科等（2011）复制并扩展了罗伊特等（2006）的研究，以进一步准确分析 5 个候选基因，它们分别是多巴胺转运蛋白（DAT）、儿茶酚-O-甲基转移酶（COMT）、多巴胺受体 D4（DRD4）、D2 多巴胺受体（DRD2）和色氨酸羟化酶 1（TPH1）。在朗科等（2011）的研究中，被试接受了一系列与创造力相关的测试。多元方差分析表明，思维流畅性评分与几个基因（DAT，COMT，DRD4 和 TPH1）之间存在显著关联。因此，与最初的研究相反，朗科等（2011）得出的结论为思想流畅性提供了明确的遗传基础。然而，仅靠流利程度不足以预测和保证创意表现。

梅塞利斯等研究了发散性思维和 DRD4（DRD4 基因中的 7R 多态性）之间的关联，认为发散性思维能力与多巴胺活动有关，在多巴胺功能障碍人群中已有发散性思维受损的报道。研究者认为，与该等位基因的非携带者相比，携带 DRD4-7R 等位基因的个体在发散性思维测验中的得分显著较低，特别是在灵活性维度方面（Mayselesset al.，2013）。

扎贝利纳等（2016）的研究发现，个体在创造力测试中的表现可以通过与额叶（COMT 基因）和纹状体（DAT 基因）多巴胺途径相关的特定遗传多态性来预测。托兰斯创造性思维测验中的高流畅性和灵活性与较低的多巴胺多态性有关。有研究提供了关于多巴胺基因 DRD2（多巴胺受体 D2）和创造性潜能（通过发散性思维测试获得）的探索性研究，系统探讨了 543 名无亲缘关系的健康大学生的 DRD2 遗传多态性与发散性思维的关系，结果发现，特异性单核苷酸多态性（SNP）、流畅性（言语和图形）、言语原创性和图形灵活性之间存在显著关联；在这些发现的基础上，又进一步研究了 COMT 基因之间的关系，以及创造性潜力及 COMT 基因与 DRD2 之间的相互作用。该研究为进一步证实 COMT 基因对创造性潜力的影响提供了一些证据，也表明多巴胺相关基因可能共同发挥作用以促进创造力提升（Zhang et al.，2014）。

上述研究结果发现，人类的创造力主要依赖于额叶和纹状体多巴胺通路之间的相互作用，这种动态相互作用可能有助于解释过去 10 年中测量基因和创造力方面的独立评估造成的研究结论的不一致。

对于去甲肾上腺素，有研究使用瞳孔测量法探索了蓝斑-去甲肾上腺素交感神经系统（LC-NA system）在促进创造力中的作用（de Rooij et al.，2018）。LC-NA 系统是位于脑桥中富含去甲肾上腺素的区域，其投射到额叶，调节额叶的活动，与灵活性和注意力的调节有关（Arnsten 和 Goldman-Rakic，1984）。LC-NA 系统表现出两种功能模式：强直和阶段性，在研究 LC-NA 系统活性在创造力中的功能时，在线处理的连续测量特别有用。一种相对便宜且无创的方法是瞳孔测定法，如通过强直（任务前）和阶段性（任务诱发）瞳孔扩张来衡量，可以通过其对灵活性和注意力的影响，假设其与创造性任务期间的发散和聚合思维表现有关。研究者通过捕获被试产生创造性想法期间的瞳孔大小来测量 LC-NA 系统活性，结果发现，发散思维期间，强直瞳孔扩张可用来预测两个创造力任务中原创想法的产生，而阶段性瞳孔扩张仅在现实世界的创造力任务中被用来预测有用想法的产生。在收敛思维期间，强直和阶段性瞳孔扩张并不能用来预测两种创造性任务的表现。因此，在需要发散思维的创造性任务中，强直和阶段性 LC-NA 系统活性在预测原创和有用想法的产生时存在显著差异。

第四章　高和低创造性思维水平者认知抑制能力差异研究

第一节　高和低创造性思维水平者抑制优势反应的差异研究

一、问题提出

创造力领域的研究者们对创造性思维与认知抑制的关系开展了大量研究，并提出了创造性思维的认知去抑制、认知抑制及适应性认知抑制三种假说，也有许多研究结果分别支持三种假说，但目前对于创造性思维与认知抑制的关系仍未达成一致结论。从三种假说的理论观点来看，前两种假说的理论观点是对立的。创造性思维的认知去抑制假说认为个体在创造过程中注意状态处于离焦注意状态，能够关注到很多信息，认知抑制水平较低，能够产生很多想法，强调创造性思维的自动化加工；而创造性思维的认知抑制假说则认为，创造过程需要更多地去集中注意力和有努力意识，从许多可能的问题解决方法中选择合适的方法，强调的是创造性思维过程的控制性加工的作用。但是，近来一些研究表明，高创造性思维水平者的注意水平并不是一成不变的，而认知抑制和创造性思维又是可以以个体的注意水平作为中介的。所以相关研究结果发现，高创造性思维水平者在解决不同性质任务时的反应是不同的，他们在解决那些需要抑制干扰的任务时的反应时较长，而在解决那些无干扰的普通认知任务时的反应时较短（Vartanian et al.，2007）。还有研究发现高创性思维水平者在任务的不同阶段，其认知抑制水平也是不同的，低认知抑制提高了任务早期阶段个体创造性思维的独创性，但是高认知抑制水平有利于任务晚期阶段的创造性加工（程丽芳等，2016）。

上述研究结果均不能用单一的创造性思维的认知抑制或认知去抑制假说进行解释，因此，有研究者对创造性思维的认知去抑制假说和认知抑制假说的观点进行了整合，提出了创造性思维的适应性认知抑制假说（以下简称"适应性认知抑制假说"）（Martindale，1999，2007）。该假说认为，相比低创造性思维水平者，高创造性思维水平者的认知抑制水平会根据任务的性质和任务所处的阶段进行灵活转换。根据适应性认知抑制假说的观点，我们推测，任务因素可能是认知抑制和创造力之间的一个调节因素。以往研究考察了任务的性质、任务的阶段、任务的长短等因素，还未有研究考察任务的时间压力对认知抑制和创造力之间关系的影响。

为了对认知抑制和创造力之间关系的机制进行更深入的了解，对认知抑制和创造力的三种假说进行检验，构建更完善的认知抑制和创造力关系的理论模型，本研究拟采用经典 Stroop 任务首先对创造性思维的认知去抑制假说和认知抑制假说进行检验。但是，仅采用红和绿两种颜色字作为材料的经典 Stroop 任务相对于其他 Stroop 任务的变式来说较为简单，但根据前人研究，任务因素可能在认知抑制与创造力之间起调节作用，因此又设计了第二个实验。第二个实验采用的是相对较复杂的 Stroop 任务，包括字义命名和颜色命名两种任务，并且这两种任务会交替出现，被试需要进行任务的转换，再者扩大了刺激集的大小，所以第一个实验和第二个实验中的两种 Stroop 任务是有较大的不同的。通过实验 1 和实验 2 结果的对比，我们也可以比较高创造性思维水平者和低创造性思维水平者在这两种不同认知抑制任务中的表现，同时，第二个实验在实验变量中操纵了时间压力这一任务情境因素，分为有时间压力和无时间压力两种情境，因此，整个研究包括了不同 Stroop 任务的因素和时间压力的任务情境因素，可以较为全面地考察认知抑制和创造力之间的关系，探究认知抑制对个体创造力的作用机制，检验创造性思维的适应性认知抑制假说。

综上所述，本书拟采用两个实验对认知抑制与创造性思维的关系进行考察，探究认知抑制对创造力的调节机制，利用反应时和皮肤电反应（skin conductance responses，SCR）两种类型的因变量指标，在考察个体外显行为反应的同时，也探究其内在的生理变化情况，进一步丰富对认知抑制和创造力关系的认识。

二、实验 1：高和低创造性思维水平者的认知抑制能力比较

（一）研究目的

采用经典的 Stroop 任务，实验材料为红和绿两种颜色字，探讨高创造性思维水平者和低创造性思维水平者的认知抑制水平是否存在差异。

（二）研究方法

1. 被试

采用"托兰斯创造性思维测验"（TTCT）词汇卷和图画卷对 568 名大学生进行施测，最终得到有效数据 553 人，其中男生 239 人、女生 314 人，平均年龄为 19.74 岁。

根据自愿参加的原则并将总分排序，最终选取高创造性思维水平者 30 人（男生 13 人、女生 17 人），平均年龄为 19.60 岁；低创造性思维水平者 30 人（男生 12 人、女生 18 人），平均年龄为 19.55 岁。对两组被试的创造力得分进行独立样本 t 检验，结果发现两组得分差异显著，$t(58)=37.25$，$P<0.001$。采用"瑞文标准推理测验"测量被试的智力，结果发现两组被试的智力得分差异不显著，$t(58)=1.95$，$P>0.05$。被试无智力障碍，无色盲、色弱，实验完成后给每个被试适量报酬。

2. 实验设计

实验设计为两因素混合设计，自变量为创造力分组和刺激类型，根据创造力分为高创造性思维水平组和低创造性思维水平组，刺激类型分为字色一致和字色不一致。创造力分组为组间变量，刺激类型为组内变量。因变量为反应时和正确率。

3. 仪器和材料

实验仪器使用美国戴尔笔记本电脑，实验材料通过 13.3 英寸液晶显示器呈现，分辨率为 1024×768。

采用"托兰斯创造性思维测验"中文修订版（叶仁敏、洪德厚和保尔·托兰斯，1988）的词汇卷和图画卷对被试的创造性思维水平进行测量。评分方法：采用同感评估技术进行评分，选择两名经过培训的心理学专业本科生（男、女各一名）进行独立评分。评分后针对两名评分者对创造力测验各维度的评分结果进行相关分析，求出评分者一致性系数。结果表明，两名评分者对创造性思维测验词汇卷的评分一致性系数为 0.90，$P<0.001$；两名评分者对创造性思维测验图画卷的评分一致性系数为 0.89，$P<0.001$，说明两人评

分的一致性信度较高，最终测验成绩取两位评分者评分的平均值。

选用张厚粲和王晓平（1989）的"瑞文标准推理测验"中国城市修订版。测验共 60 道题目。限时 40 分钟，分半信度为 0.95，间隔半个月的重测信度为 0.82，间隔一个月的重测信度为 0.79，同时效度为 0.71，表明该测验具有良好的信效度。

采用经典的 Stroop 任务，刺激材料是"红"和"绿"两个汉字，分别用"红"和"绿"两种颜色书写。每个字的大小是 1.1°×1.1°，最终刺激为字色一致刺激 2 种、字色不一致刺激 2 种，背景为黑色。共有 96 个刺激，其中 48 个字色一致刺激，48 个字色不一致刺激。采用红色和绿色方块作为练习材料，每个被试练习 20 次。选择 Photoshop 7 画图软件对实验刺激进行制作。采用 E-prime 1.1 编制实验程序。

4. 实验程序

被试先经过创造力测验和智力测验的筛查测试，选出的被试参加之后的认知抑制任务实验。认知抑制任务实验在实验室单独进行，实验室环境安静，隔音良好。被试坐在计算机屏幕前，距离约 60 厘米，先进行练习，然后进入正式实验，两个阶段的实验程序一致。首先在屏幕中央给被试呈现一个注视点"+"500 毫秒，然后呈现某个颜色字的实验刺激，限时 3000 毫秒作出反应，被试在时限内作出反应则进入下一屏幕，如果未作出反应，且超过 3000 毫秒，屏幕自动跳转。被试作出正确反应后，与下一个实验刺激之间的时间间隔为 500 毫秒。被试作出错误反应后，会在屏幕上呈现 1000 毫秒的反馈错误信息作为惩罚，目的是保证正确率，然后分析反应时，正确反应后无反馈信息。实验要求被试对出现的刺激字的颜色又快又准地作出按键反应，实验时间大约为 5 分钟。实验程序如图 4.1 所示。

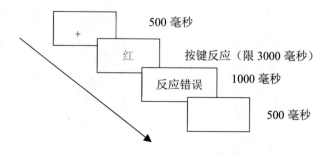

图 4.1　实验 1 实验程序图

（三）研究结果

采用 SPSS18.0 进行数据整理和分析。首先对数据进行整理，删除反应时超过 2000 毫秒的数据，并剔除超过平均数 3 个标准差之外的极端数据。最终删除的反应错误的数据占总数据的 4.80%，删除的数据占总数据的 3.72%。对高创造性思维水平组和低创造性思维水平组被试在 Stroop 颜色命名任务上字色一致条件和字色不一致条件下的正确反应时和正确率进行分析。

对反应时进行 2（创造力分组：高创组、低创组）×2（刺激类型：字色一致、字色不一致）的重复测量方差分析，结果发现（见图 4.2）：创造力分组的主效应显著，$F（1，58）= 8.46$，$P<0.01$，$\eta_p^2 = 0.13$，高创者的反应时显著短于低创者；刺激类型的主效应显著，$F（1，58）= 24.92$，$P<0.001$，$\eta_p^2 = 0.30$，字色不一致条件下的反应时显著长于字色一致条件下的反应时；创造力分组和刺激类型的交互作用显著，$F（1，58）= 9.26$，$P<0.05$，$\eta_p^2 = 0.14$。进一步分析发现，相比低创造性思维水平者，高创造性思维水平者在字色一致条件下的反应时显著更短，$P<0.05$，且高创造性思维水平者在字色不一致条件下的反应时也显著更短，$P<0.01$。将被试在字色不一致条件下的反应时减去字色一致条件下的反应时，分析反应时的干扰效应量，对高创造性思维水平组和低创造性思维水平组的反应时干扰效应量进行独立样本 t 检验，结果发现，两组的反应时干扰效应量存在显著差异，$t（58）=-3.04$，$P<0.01$，高创造性思维水平者的干扰效应量（$M = 7$ 毫秒，$SD = 25$ 毫秒）显著小于低创造性思维水平者（$M = 27$ 毫秒，$SD = 27$ 毫秒）。

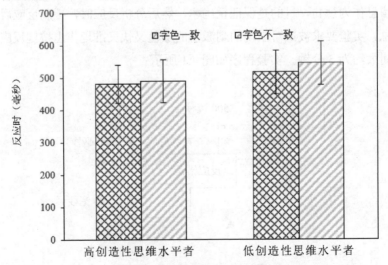

图 4.2 高创组和低创组在不同字色条件下的反应时

对正确率数据（见表 4.1）的分析发现：刺激类型的主效应显著，F（1，58）= 11.33，P<0.01，η_p^2= 0.16，字色一致条件下的反应正确率显著高于字色不一致条件下；创造力分组和刺激类型的交互作用显著，F（1，58）= 4.74，P<0.05，η_p^2= 0.08。进一步分析发现，高创造性思维水平者在字色一致和不一致条件下的正确率差异不显著，P>0.05；而低创造性思维水平者在字色不一致条件下的正确率显著低于字色一致条件下，P<0.01。将被试在字色一致条件下的正确率减去字色不一致条件下的正确率得出正确率的干扰效应量，然后对高创造性思维水平组和低创造性思维水平组的正确率干扰效应量进行独立样本 t 检验，结果发现，两组的正确率干扰效应量存在显著差异，t（58）= −2.18，P<0.05，高创造性思维水平者的干扰效应量（M = 0.63%，SD = 3.88%）显著小于低创造性思维水平者（M = 2.92%，SD = 4.26%）。创造力分组的主效应不显著，F（1，58）<1。

表 4.1　高创造性思维水平组和低创造性思维水平组在各实验条件下的正确率　单位:%

创造力分组	字色一致	字色不一致
高创组	97.60（3.55）	96.98（2.39）
低创组	98.64（2.55）	95.73（4.14）

（四）讨论

研究结果发现，高创造性思维水平者的干扰效应量比低创造性思维水平者小，这与前人的研究结果是一致的（Benedek et al.，2014b；Edl et al.，2014；Zmigrod 和 Hommel，2015）。实验 1 结果支持了创造性思维的认知抑制假说，表明高创造性思维水平者的认知抑制能力强于低创造性思维水平者，但该结果与格罗博茨和内克（2003）的研究结果并不完全一致。格罗博茨和内克（2003）的研究仅发现，高创造性思维水平者在不一致条件下的反应更有规律，这可能与两个研究的实验材料和实验程序不同有关。实验 1 采用的任务刺激集为 2，且为颜色命名，而格罗博茨和内克（2003）的研究采用的任务刺激集为 5，并需根据屏幕提示来进行颜色或字义命名。相比较而言，实验 1 的任务更简单，难度更小，因此，创造性思维的认知抑制假说仅在简单的抑制任务上呈现结果，对认知抑制与创造性思维关系的认识并不全面。

因此，实验 2 拟增大刺激集，采用更有难度、更灵活的 Stroop 字义-颜色命名转换任务，刺激集为 3，包括红、绿、黄三种颜色字，设置有时间压力条件和无时间压力条件，通过反应时和皮肤电生理指标两个指标，进一步验证创造性思维与认知抑制的关系。

三、实验2：时间压力对高和低创造性思维水平者认知抑制的影响

（一）研究目的

设置任务条件，考察时间压力在创造性思维与认知抑制之间的调节作用。

（二）研究方法

1. 被试

从实验1实施创造力测验的总被试中挑选未参加实验1的高创造性思维水平者和低创造性思维水平者各26人，因为其中4名被试的皮肤电线显示干扰很大且无起伏被删除，最终被试为48名。高创造性思维水平组24人（男生11人、女生13人），平均年龄为19.33岁；低创造性思维水平组24人（男生12人、女生12人），平均年龄为19.21岁。对高创造性思维水平组（$M=301.43$，$SD=50.71$）和低创造性思维水平组（$M=130.17$，$SD=24.64$）的创造性思维测验得分进行独立样本 t 检验，结果发现两组得分差异显著，$t(46)=14.88$，$P<0.001$。对高创造性思维水平组（$M=54.17$，$SD=3.52$）和低创造性思维水平组（$M=51.58$，$SD=5.57$）的"瑞文推理智力测验"得分进行独立样本 t 检验，结果发现两组得分差异不显著，$t(46)=1.92$，$P>0.05$。被试无智力障碍，无色盲、色弱，实验完成后给每个被试适量报酬。

2. 实验设计

实验采用四因素混合实验设计，自变量包括创造力分组、时间压力条件、任务类型和刺激类型，根据创造力分为高创造性思维水平组和低创造性思维水平组，时间压力条件分为有时间压力条件和无时间压力条件，任务类型分为字义命名和颜色命名，刺激类型分为字色一致和字色不一致。其中创造性分组和时间压力条件为组间变量，任务类型和刺激类型为组内变量。

3. 仪器和材料

实验仪器为BIOPAC MP150型16导无线生理记录仪，包括信号探测器、转换器和放大器等系统，采集被试在平静阶段和实验阶段的皮肤电活动。具体参数为16个模拟通道输入，2个模拟通道输出，16个数字通道输入；最大输入电压为±12伏，输入阻抗为1兆欧（MΩ），模数转换器信号（A/D）

转换率为 16 位（Bits）。本研究中皮肤电值的单位是毫西门子（ms）。

实验刺激的呈现软件采用 Superlab 4.5 刺激呈现系统，该系统刺激呈现与计时精度均为 1 毫秒。通过戴尔 23 英寸显示器呈现实验刺激，被试坐在距屏幕 1 米处，显示器的分辨率为 1024×768，屏幕的背景为黑色。

实验材料是采用"蓝""红""绿"色印刷的"蓝""红"和"绿"三个字。每个字的大小是 1.1°×1.1°，共 96 次，其中一致条件 48 次，不一致条件 48 次，分为 4 个 block，每个 block 包括 24 个，其中一半为一致刺激，一半为不一致刺激。第一个与第三个 block 要求被试对刺激的字义进行按键反应，第二个与第四个 block 要求被试对刺激的颜色进行按键反应。练习任务材料为 24 个颜色词刺激，要求对字义进行命名。

4. 实验程序

主试在实验室内对被试进行个别施测，具体的实验程序如下。

第一步：被试坐在距离电脑屏幕大约 1 米处，主试简要介绍实验流程及实验任务，确保被试理解之后，给被试连接生理仪器的导线和传感器。

第二步：采集基线。主试告知被试平复一下心情，头脑中什么也不要想，并尽量保持身体不动，主试采集被试 5 分钟的皮肤电活动变化为基线值。

第三步：主试向被试详细说明指导语。正式实验前首先让被试进行练习，以熟悉实验流程。练习任务结束后，让被试对目前感受到的来自任务的时间压力进行评定，"1"代表根本没有压力，"5"代表压力非常强烈。然后再进行正式实验。

第四步：正式实验。随机使高创造性思维水平者进入有时间压力或无时间压力两种实验条件下，两组人数大致相当，低创造性思维水平被试同上。时间压力条件的设置主要参考以往研究采用同种任务时被试的反应时情况。本实验中对"反应太慢"的试验反应时临界值的界定主要参考小林等（2007）的文献中测量的各条件下的反应时平均数，最后将该值定为 550 毫秒。

实验过程中，被试需要进行任务转换，被试首先做字义命名任务，然后按顺序依次做颜色命名任务、字义命名任务和颜色命名任务，也就是说，被试在实验过程中经历了三次任务转换。不同时间压力条件下的具体实验程序如图 4.3 所示。

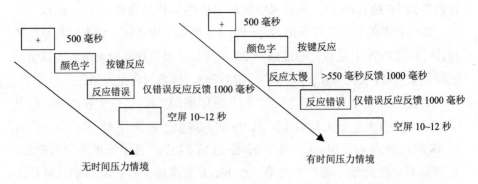

图 4.3　不同时间压力条件下的实验程序

有时间压力条件：首先在屏幕中央出现一个注视点"＋"500毫秒，然后出现一个实验刺激（颜色字），被试限时反应时为3000毫秒。当被试的反应时超过550毫秒，则在屏幕中间会呈现一个反馈信息——"反应太慢"，如果被试反应错误，则屏幕上呈现反馈信息——"反应错误"，被试正确反应之后与下一次测试之间的时间间隔为10～12秒。字义命名任务要求被试忽略字的颜色，对屏幕上出现的字义又快又准地做出按键反应。被试通过外接反应盒进行反应，用右手的食指、中指和无名指在反应盒上进行按键反应，按键上有相对应的颜色，绿字按第一个键，红字按第二个键，蓝字按第三个键。颜色命名任务则要求被试对字的颜色又快又准地做出按键反应。

无时间压力条件：没有"反应太慢"的反馈，其他同上。

第五步：所有被试在实验结束后立即对感受到的完成任务的时间压力进行评定，"1"代表根本没有压力，"5"代表压力非常强烈。

5. 生理数据的采集与分析

皮肤电采集：先用乙醇对被试的手指进行消毒，分别擦拭其左手食指和中指的末端指腹，然后贴上电极片，可以用医用胶带固定一下，然后将电极线的一端夹子夹在手指电极片的突起上，电极线的另一端连接到测试指标皮肤电活动模块端口上，信号发射到生理记录仪的皮肤电反应传感器模块上记录被试的皮肤电，采样率为1000赫兹。

参照前人研究，取刺激呈现之后1～4秒探测到的皮肤电活动的最大值作为该实验的皮肤电反应值（Kobayashi et al.，2007）。各条件下皮肤电活动变化为皮肤电反应最大值减去基线值。为了减少数据分布的偏度，将皮肤电值+1之后进行对数转换再进行统计分析。

（三）研究结果

对数据进行整理分析，首先删除极端值，删除反应时大于 2000 毫秒的数据，并剔除平均数加减 3 个标准差以外的数据，删除被试做出错误反应的数据，错误数据占总数据的 8.31%。删除的所有数据占总数据的 10.33%。

采集的数据在 AcqKnowledge 4.2 软件上进行编辑处理。参照前人研究（Kobayashi et al.，2007），将 SCR 的最小起伏值定为 0.05 毫秒，删除不满足这一标准的数据。删除的数据占总数据的 7.82%。后期数据采用 SPSS18.0 进行分析。

对被试是否感受到时间压力的主观评定进行独立样本 t 检验，结果发现，两组被试完成实验后的主观评定结果差异显著，$t（46）= 14.86$，$P<0.001$，有时间压力组（$M = 3.83$，$SD = 0.48$）感受到的时间压力显著高于无时间压力组（$M = 1.21$，$SD = 0.51$）。结果表明，实验中对被试设置的时间压力条件程序确实引起了被试较强的时间压力感受。

1. 高创造性思维水平组和低创造性思维水平组在不同时间压力条件下的反应时

对高创造性思维水平组和低创造性思维水平组被试在 Stroop 字义命名和颜色命名任务中不同时间压力条件下的反应时进行统计，结果如图 4.4 所示。

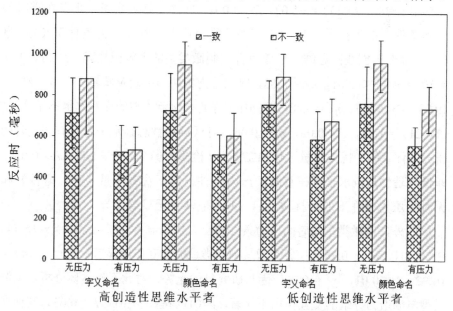

图 4.4 高创组和低创组在不同时间压力条件下 Stroop 任务上的反应时

对反应时进行 2（创造力分组：高创造性思维水平组、低创造性思维水平组）×2（时间压力条件：有、无）×2（任务类型：字义命名、颜色命名）×2（刺激类型：一致、不一致）的重复测量方差分析，结果发现：任务类型的主效应显著，$F_{(1, 44)} = 4.56$，$P < 0.05$，$\eta_p^2 = 0.09$，字义命名任务的反应时显著短于颜色命名任务；刺激类型的主效应显著，$F_{(1, 44)} = 127.82$，$P < 0.001$，$\eta_p^2 = 0.74$，一致条件下的反应时显著短于不一致条件下的反应时；时间压力条件的主效应显著，$F_{(1, 44)} = 34.12$，$P < 0.001$，$\eta_p^2 = 0.44$，有时间压力条件下的反应时显著短于无时间压力条件下的反应时；创造力分组的主效应不显著，$F_{(1, 44)} = 2.12$，$P > 0.05$。

根据实验目的，重点分析与创造力分组变量之间的显著的交互作用，结果发现，创造力分组、刺激类型与时间压力条件三者的交互作用显著，$F_{(1, 44)} = 6.31$，$P < 0.05$，$\eta_p^2 = 0.13$。进一步分析发现，对于高创造性思维水平者而言，刺激类型的主效应显著，$F_{(1, 23)} = 70.59$，$P < 0.001$，$\eta_p^2 = 0.75$，时间压力条件的主效应显著，$F_{(1, 23)} = 22.99$，$P < 0.001$，$\eta_p^2 = 0.50$，时间压力条件和刺激类型的交互作用显著，$F_{(1, 23)} = 25.19$，$P < 0.001$，$\eta_p^2 = 0.52$。对高创造性思维水平者在有和无时间压力条件下的干扰效应量进行独立样本 t 检验，$t_{(23)} = -5.02$，$P < 0.001$，即高创造性思维水平者在有时间压力条件下的干扰效应量（50 毫秒）显著短于无时间压力条件下（197 毫秒）；对于低创造性思维水平者而言，刺激类型的主效应显著，$F_{(1, 21)} = 101.86$，$P < 0.001$，$\eta_p^2 = 0.83$，时间压力条件的主效应显著，$F_{(1, 21)} = 19.23$，$P < 0.001$，$\eta_p^2 = 0.48$，时间压力条件和刺激类型的交互作用不显著，$F_{(1, 21)} = 1.24$，$P > 0.05$，$\eta_p^2 = 0.06$。对低创造性思维水平者在有和无时间压力条件下的干扰效应量进行独立样本 t 检验，$t_{(21)} = -1.11$，$P > 0.05$，即低创造性思维水平者在有时间压力条件下的干扰效应量（133 毫秒）和无时间压力条件下的干扰效应量（166 毫秒）无显著差异。

此外，刺激类型与时间压力条件的交互作用显著，$F_{(1, 44)} = 15.44$，$P < 0.001$，$\eta_p^2 = 0.26$，任务类型与刺激类型的交互作用显著，$F_{(1, 44)} = 10.92$，$P < 0.01$，$\eta_p^2 = 0.20$，因与研究目的无关，对此不作具体分析。刺激类型与创造力分组的交互作用不显著，$F_{(1, 44)} = 1.61$，$P > 0.05$，其他变量之间的交互作用均差异不显著，$Fs_{(1, 44)} < 1$。

2. 高创组和低创组在不同时间压力条件下的正确率

对高创组和低创组被试在 Stroop 任务中的正确率进行统计,结果如表4.2所示。

表 4.2　高创组和低创组在不同时间压力条件下的正确率　单位：%

时间压力情境	创造力分组	字义命名		颜色命名	
		一致	不一致	一致	不一致
有时间压力	高创组	92.36（7.29）	82.29（14.56）	91.32（6.52）	83.33（7.95）
	低创组	89.93（6.76）	80.21（14.56）	92.71（7.13）	80.21（10.22）
无时间压力	高创组	96.88（5.06）	96.53（3.91）	99.31（2.41）	95.49（5.46）
	低创组	98.61（2.71）	95.83（4.35）	98.96（2.59）	90.97（7.07）

对正确率进行 2（创造力分组：高创组、低创组）×2（时间压力条件：有、无）×2（任务类型：字义命名、颜色命名）×2（刺激类型：一致、不一致）的重复测量方差分析,结果发现：刺激类型的主效应显著,$F(1, 44)=58.78$,$P<0.001$,$\eta_p^2=0.57$,一致条件下的反应正确率显著高于不一致条件；时间压力条件的主效应显著,$F(1, 44)=36.12$,$P<0.001$,$\eta_p^2=0.45$,有时间压力条件下的反应正确率显著低于无时间压力条件；任务类型的主效应不显著,$F(1, 44)<1$；创造力分组的主效应不显著,$F(1, 44)<1$。

刺激类型与时间压力条件的交互作用显著,$F(1,44)=12.39$,$P=0.001$,$\eta_p^2=0.22$,因与研究目的无关,对其不作具体分析；刺激类型与创造力分组的交互作用不显著,任务类型与刺激类型的交互作用不显著,任务类型、时间压力条件与创造性思维组别的交互作用不显著,任务类型、刺激类型与时间压力条件的交互作用不显著,任务类型、刺激类型与创造性思维组别的交互作用不显著,$F(1, 44)>1.03$,$P>0.10$；其他变量之间的交互作用均不显著,$F(1, 44)<1$。

3. 高创组和低创组在不同时间压力条件下的皮肤电结果

对被试的正确反应的皮肤电活动变化进行分析,结果如图4.5所示。

对皮肤电活动变化进行 2（创造力分组：高创造性思维水平组、低创造性思维水平组）×2（时间压力条件：有、无）×2（任务类型：字义命名、颜色命名）×2（刺激类型：一致、不一致）的重复测量方差分析,结果发现任务类型的主效应不显著,$F(1, 44)=2.20$,$P>0.05$,$\eta_p^2=0.05$；刺激类型的主效应不显著,$F(1, 44)<1$；时间压力条件的主效应不显著,$F(1,$

44）＜1；创造力分组的主效应不显著，F（1，44）＜1。

根据实验目的，重点分析与创造力分组之间的显著的交互作用，结果发现：时间压力条件与创造力分组的交互作用达到边缘显著，F（1，44）＝3.14，P＜0.1（P = 0.08），η_p^2 = 0.07。进一步分析发现，高创者在无时间压力（0.75）和有时间压力（0.66）情境下的皮肤电活动变化无显著差异，P＞0.05；低创者在无时间压力（0.57）和有时间压力（0.73）情境下的皮肤电活动变化也无显著差异，P＞0.05。

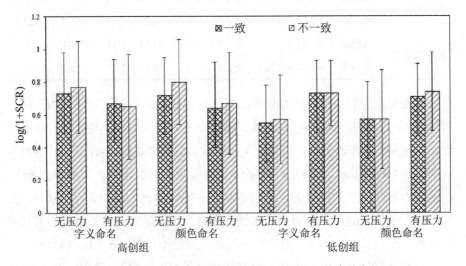

图 4.5　高创组和低创组在不同时间压力条件下的皮肤电值

任务类型、刺激类型与创造力分组三者的交互作用达到边缘显著，F（1，44）＝3.33，P＜0.1（P = 0.08），η_p^2 = 0.07。进一步分析发现，高创造性思维水平者在颜色命名任务不一致条件下的皮肤电活动变化（0.74）显著高于一致条件下（0.71），P＜0.05，高创者在字义命名任务中一致条件和不一致条件下的皮肤电活动变化差异不显著，P＞0.05，但是低创者在字义命名任务和颜色命名两个任务中一致和不一致条件下的皮肤电活动变化皆没有显著差异，P＞0.05。

此外，任务类型与刺激类型的交互作用显著，F（1，44）= 7.38，P＜0.01，η_p^2 = 0.14，因与研究目的无关，对其不作具体分析；刺激类型与时间压力条件的交互作用不显著，任务类型、时间压力条件与创造性思维组别三者的交互作用显著，任务类型、刺激类型与时间压力条件的交互作用不显著，Fs（1，44）＞1.10，Ps＞0.10；其他变量之间的交互作用均差异不显著，F（1，

44）<1。

研究结果发现，高创者在有时间压力条件下的干扰效应量显著小于无时间压力条件下，而低创者在有和无时间压力条件下的干扰效应量无显著差异。这表明相比低创者，高创者具有更灵活的认知抑制能力，这与前人研究中得出的时间压力对创造性思维有促进作用的结论是一致的（Darini et al.，2011；张景焕等，2011）。时间压力促进了个体创造性思维的流畅性。面对有时间压力的任务，高创者能够将注意力集中于任务特征，抑制无关信息的干扰，更能从时间压力条件中获益，表现出比低创者更高的认知抑制能力。

通过分析皮肤电结果发现，高创者在颜色命名任务不一致条件下的皮肤电活动变化显著高于一致条件，在字义命名任务中无此差异，低创者在字义和颜色命名两个任务中两种条件下的皮肤电活动变化均无显著差异。这表明，高创者对不同任务表现出了不同的自主生理唤醒水平，而低创者则表现出基本一致的自主生理唤醒水平，这与其他研究中高创者面对不同任务表现出变化的生理特点的结论是一致的（Kwiatkowski，2002；Martindale，1999）。实验 2 结果表明，相比低创者，高创者在面对不同任务情境时具有灵活的认知抑制水平和唤醒水平。

四、讨论

本研究通过两个实验，验证了创造性思维的适应性认知抑制假说，揭示了时间压力在认知抑制和创造力关系中的调节作用，表明高创者比低创者的认知抑制能力更高、更灵活。

研究结果发现，高创者比低创者的反应时干扰效应量显著更小，这表明，高创者比低创者的认知抑制能力更强。也就是说，高创者的一个认知特征是能够有效抑制优势的但是不相关的反应倾向（Edl et al.，2014），这与前人的研究结果是一致的（Benedek et al.，2014b；Edl et al.，2014）。这一结果也使得人们对创造性思维的认识更加全面和深入。以往研究者主要认为发散性思维是创造性思维的核心，高创者的特点是发散性思维能力强，后来随着远距离联想测验的开发，研究者们认为高创者的联想能力更强，且他们的远距离联想能力也更强。而且，之前人们也普遍认为，如果一个人的发散思维能力很强，那么其认知抑制应该处于较低水平。但是本研究的结果证明了高创者的特点是有较高的认知抑制能力，与传统观点正好相反。该结果还得到执行功能促进创造性思维的相关研究的支持（Jauk et al.，2013；Jauk，Benedek 和

Neubauer，2014）。处理新颖性任务需要抑制性加工，创造在很大程度上就等同于处理新任务和新情况，创造过程需要对一些自动化反应的压制，从而保证个体能够得出一个新颖的、独创的、未预期的解决方法。研究者们发现，在给定的情况下，个体能够抵抗无关信息，这样一种反应趋势也会促进独创性观点的产生（Benedek et al.，2012；Benedek et al.，2014b）。

虽然一些研究发现，精神分裂症与个体的创造性思维测验得分呈显著正相关，但是精神分裂症者的认知抑制状态与创造性思维测验得分高的被试的认知抑制状态不同（Rominger et al.，2017）。高创造性思维水平者的认知抑制应该是一种功能良好的认知去抑制，他们在这种状态下能够产生流畅的、新颖的观点，而不是僵硬的、病态持续的观点。精神分裂症患者由于疾病的原因，虽然他们产生的想法很多，但可能没有逻辑、内容混乱，很大程度上这些想法不具有可行性、客观性，所以不能简单地认为高创者的认知去抑制与精神分裂症患者的认知去抑制类似，实际上这两者有质的不同。此外，该结果与多尔夫曼等（2008）和瓦塔尼安等（2007）的研究结果不一致，原因可能是抑制概念的区别，负启动任务和潜在抑制任务均是抑制前摄干扰或分心干扰，而不是抑制优势反应的倾向（Friedman 和 Miyake，2004）。

关于认知抑制对创造力的作用机制，本研究结果表明，时间压力在认知抑制与创造性思维的关系中起调节作用。当感受到时间压力时，个体会想方设法调整自己，以便在限定时间内完成任务，所以在有时间压力条件下，个体的思维流畅性得到很大提高，因而创造性也会得到提高。面对有时间压力的任务时，高创者有灵活调整自己的能力，所以相比低创者，高创者在有时间压力条件下的认知抑制能力更好。注意力集中模型（Karau 和 Kelly，1992）认为，当面对时间压力时，个体的注意收窄，这时仅能关注与任务相关的特征，其他与任务相关性不大的特征会被忽视。相比低创者，高创者面对不同有时间压力的任务时，能够调节自己的注意力、更好地适应所面对的情境，使注意力更集中于所解决任务的相关特征，而更有效地抑制干扰的特征，因此高创者比低创者的认知抑制更灵活。综合来看，研究结果支持适应性认知抑制假说。

在观测反应时的同时，实验 2 采集了皮肤电活动的生理指标，从侧面来推测高创者和低创者的认知抑制表现。结果表明，高创者在不同抑制条件下表现出生理唤醒水平的变化性，而低创者则在各种条件下表现出基本一致的生理唤醒水平。这也符合马丁代尔（1999，2007）的理论假设，即高创者会根据任务要求的不同而调整其生理唤醒水平，在有时间压力条件下，个体需要尽快做出反应，否则屏幕上会出现"反应太慢"的反馈。如果低创者在完成反应之后得到了"反应太慢"的反馈，那么其可能会对下一次反应预期一个消极结果，或认为未来是一个不确定的情况，所以可能导致其在有时间压力条件下的皮肤电活动变化比无时间压力条件下更大。

本研究也存在一些局限性和不足。首先，由于创造性思维测验较多，而且创造性思维也不仅仅是发散性思维，所以在选取高创造性思维水平被试时，仅采用发散型思维测验是比较单一的，可以选取不同测量维度的创造力测验，从发散性思维、聚合性思维和创造性人格方面综合挑选高创造性思维水平被试，这往往导致被挑选出来的被试不是综合创造力高的个体。未来研究可以采用多个测验的结果来进行综合评定。本研究仅从发散思维角度对创造性思维水平进行考察，没有涉及聚合思维，未来研究可以结合发散思维测验、聚合思维测验来综合衡量个体的创造性水平，并将个体的智力测验等测验得分作为协变量进行统计分析，以更全面地考察个体的创造能力（沃建中等，2010）。其次，本研究仅将被试划分为高创组和低创组，没有设置中等创造性思维水平组，无法分析个体完成抑制任务时交感功能是哪一组的变化引起的，抑或是两组共同作用之和，未来研究可以进一步增加中等创造性思维水平组，为研究结果的可靠性提供更有利的证据。最后，本研究采用的 Stroop 任务仅探讨了个体抑制优势反应的情况，没有涉及一些有意抑制范式的选取，未来研究可以从多种认知抑制范式来验证认知抑制与创造力的关系。

五、小结

在本实验条件下，可得出以下结论：①高创者的认知抑制能力高于低创者；②时间压力在认知抑制与创造性思维的关系中起调节作用，高创者在有时间压力下的认知抑制能力优于无时间压力条件下，而低创者在不同时间压力条件下的认知抑制能力无明显差异，结果支持创造性思维的适应性认知抑制假说。

第二节　高和低创造性思维水平者对情绪信息抑制能力的比较研究

一、问题提出

在探讨认知抑制与创造力的关系中，前文研究采用的是汉字 Stroop 任务，这种 Stroop 任务主要反映个体的选择性注意机制，那么高创造性思维水平个体和低创造性思维水平个体在其他 Stroop 任务中的表现如何呢？本部分将探讨高创造力者和低创造力者对情绪信息的认知抑制能力的差异。

钟毅平等（2007）的研究发现，情绪 Stroop 效应与经典的 Stroop 效应是两种独立的现象。与经典 Stroop 任务不同，情绪 Stroop 任务的加工过程延长是因为情绪性信息所产生的情绪威胁导致个体的反应延迟。情绪 Stroop 效应是指对情绪负载词的情绪刺激的加工优先于对情绪词颜色的判断（Chajut et al.，2010）。情绪 Stroop 任务通过情绪性或高度突出的信息来反映注意的偏差，情绪性信息的反应时要显著长于中性信息。

阅读面孔与阅读字相似，也是相对自动的（Vuilleumier，2002）。面孔包含丰富的视觉资源和情绪信息，很容易捕获注意，特别是当面孔传递着一种暗示性的威胁（如恐惧或者愤怒），甚至当呈现在未被注意的位置时，相比中性面孔，恐惧面孔能够更大地激活纺锤体区域和杏仁核，表明注意偏好于直接交流恐惧信息（Vuilleumier，2001）。情绪 Stroop 任务中，愤怒面孔的颜色命名要慢于中性面孔，因为注意优先感知到愤怒情绪，进而偏离了对颜色命名的任务。情绪 Stroop 干扰效应表明注意资源会从分配的任务转向与任务无关的情绪性信息。如果高创造力者比低创造力者的情绪抑制能力更强，那么高创造力者比低创造力者的情绪 Stroop 效应量显著更小。

除了使用反应时指标来反映高低创造力者对情绪信息的抑制能力，还可以采用生理指标来判断高和低创造力者抑制情绪威胁信息的能力差异。对于不同创造性思维水平的个体而言，高创造性思维水平者和低创造性思维水平者的生理唤醒还存在个体差异，他们在面对不同的任务时可能具有不同的生理表现（Kwiatkowski，2002；Martindale 和 Hines，1999；谷传华等，2015）。

相比低创造性思维水平者，高创造性思维水平者往往有较高的基础唤醒水平，表现为较低的 α 波活动和较高的皮肤电导水平（Martindale，1999），但其在不需要创造力的任务（如爱荷华赌博任务）中的皮肤电活动变化较低（Glang 和 Castelo Santos et al.，2016），在需要发散思维的创造任务中交感激活水平更高（Silvia，Beaty 和 Nusbaum et al.，2014）。从心率指标来看，研究发现，高创造性思维水平画家的基本心率很快（Florek，1973）。高创造性思维水平者表现出自发皮肤电反应的波动，心率变异性更强，脑电图的 α 波的振幅有更多的可变性，表明个体处于创造灵感状态时有最大数量的激活可变性，可变性说明个体进行创造性活动时，可能在初级加工与次级加工之间往返（Martindale 和 Hasenfus，1978）。心率变异性是指逐次心动周期之间的差异性的变化，心率变异性也能反映个体的工作记忆能力和认知控制能力。研究发现，年轻人的高心率变异性与更好的工作记忆能力相关（Hansen et al.，2004；Hansen et al.，2003），并且与情绪 Stroop 任务中更好的注意控制相关（Johnsen et al.，2003）。还有研究发现，健康个体的心率的灵活控制与认知功能相关（Kim et al.，2006；Wright et al.，2007）。因此，一般而言，个体的认知功能越好，其心率的灵活控制能力越强，表明个体的自主神经调节能力越强。心率与心率变异性成反比，心率越高，心率变异性越低。心率与心率变异性之间存在指数衰减型关系，即心率处于较低水平时，心率变异性数值较高，而随着心率增加，心率变异性逐渐减小，但其降幅变化率亦逐渐降低。R-R 间期是心脏跳动的间隔时间，心率与 R-R 间期成反比。据此推测，如果高创造性思维水平者对情绪信息的抑制能力比低创造性思维水平者更强，那么高创造性思维水平者的心率变异性比低创造性思维水平者更高，心率更低。

　　基于此，本实验采用情绪 Stroop 任务，进一步考察高和低创造性思维水平者对面孔材料情绪信息加工的认知抑制能力的差异。

二、研究方法

（一）被试

　　对 487 名被试进行托兰斯创造性思维水平测验，根据总分排名并按照自愿的原则，从中选取高和低创造性思维水平者各 15 人。被试无智力障碍，无色盲、色弱，实验完成后给每个被试一个小礼物。

（二）实验设计

采用 2（组别：高创造性思维水平者、低创造性思维水平者）×3（情绪图片：高兴、恐惧、中性）两因素混合实验设计。

（三）实验材料

从中国情绪图片库（白露等，2005）中分别选取高兴、恐惧和中性面孔各 24 张（每种情绪面孔均一半为男性面孔，一半为女性面孔），共 72 张。三种类型情绪图片的效价显著，但唤醒度不显著。练习图片采用另外挑选的 12 张中性面孔图片（其中男性 6 张、女性 6 张）。采用 Photoshop 软件对所有的面孔图片进行编辑，去掉头发，只保留脸部，并对面孔的轮廓进行修饰，将每一种情绪面孔中的一半面孔涂上绿色，另一半涂上红色。

（四）实验程序

采用情绪 Stroop 范式，具体实验程序如下。

第一步：被试进入实验室，为每名被试连接上记录生理反应的传感器。

第二步：在被试熟悉实验环境后，向其详细说明实验过程，具体指导语为："实验开始后，首先为你呈现一个空白屏幕，请你利用此段时间让自己的心情平静下来；接着为你呈现一些面孔，请你忽略这些面孔的情绪表达，对这些面孔所涂的颜色进行按键反应。绿色按'1'键，红色按'2'键。"

第三步：要求被试保持平静和放松情绪，并持续采集生理指标 5 分钟，以此作为基线值。

第四步：正式实验。让挑选出来的不同创造性思维水平的被试随机进入实验。在实验过程中持续采集生理指标，直至实验结束。

具体的情绪 Stroop 任务：在每一次试验中，首先为被试呈现一个注视点 500 毫秒，接着呈现目标刺激，要求被试对情绪面孔的颜色进行按键反应，然后呈现空白屏 200 毫秒，随后进入下一个试验。具体实验程序如图 4.6 所示。

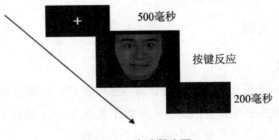

图 4.6　实验程序图

（五）实验仪器

实验采用 Superlab 4.5 刺激呈现软件系统呈现刺激并记录被试的反应，该系统刺激呈现与计时精度均为 1 毫秒。刺激通过戴尔 23 寸显示器呈现，被试距屏幕 1 米。显示器的分辨率为 1024×768。屏幕的背景为黑色。

使用 BIOPAC MP150 型 16 导无线生理记录仪系统的信号探测器、转换器和放大器等系统，记录被试在静止阶段和情绪 Stroop 实验阶段的心率指标，采样率为 200 赫兹。

（六）实验指标

本实验参照马修森等（2010）的研究，记录被试的 ECG 信号，采用心率指标作为自主神经活动水平的参数，主要包括心率、R-R 间期和 R 波幅度。

心电采集方法：先将一次性电极片粘贴在被试的左下第四肋骨与第五肋骨间、胸膈肌处和右下腹部，然后将扣式电极正极和负极分别连接到被试的左下肋骨和胸膈肌处，地线连在右下腹部处。电极另一头连接在无线发射器上，信号发射到心电描记放大器 ECG2-R 模块上记录心率变化，放大倍数为 1000 倍，采样率为 200 赫兹。心率检测范围为 40～180 次/分，检测精度小于等于±5%。

（七）数据处理

所采集的生理数据在 Acqknowledge 4.2 软件上进行编辑处理。后期数据用 SPSS18.0 进行分析。行为数据删除标准：①反应时大于 2000 毫秒的数据；②反应时属于各条件下的平均数加减三个标准差之外的数据。删除数据占所有数据的 1.71%。

三、研究结果

（一）行为数据结果

根据高和低创组在不同情绪面孔加工条件下的反应时进行统计，结果如表 4.3 所示。

表 4.3　高和低创组对不同情绪信息加工的反应时　　　　单位：毫秒

创造力分组	中性面孔	恐惧面孔	高兴面孔
高创组	440.53（58.97）	457.82（74.17）	441.47（65.08）
低创组	451.10（61.02）	457.95（75.76）	449.76（63.73）

以智力作为协变量，经过协方差分析发现：情绪面孔条件的主效应不显著，$F(2, 54)=0.260$，$P>0.05$；创造力分组的主效应不显著，$F(1, 27)=0.082$，$P>0.05$；情绪面孔条件和创造力分组的交互作用不显著，$F(2, 54)=0.281$，$P>0.05$；智力的主效应不显著，$F(1, 27)=0.919$，$P>0.05$；情绪面孔条件和智力的交互作用不显著，$F(2, 54)=0.014$，$P>0.05$。

对高和低创组在不同情绪面孔加工条件下的正确率进行统计，结果如表4.4所示。

表4.4 高和低创组对不同情绪信息加工的正确率 单位：%

创造力分组	中性	恐惧	高兴
高创组	99.81（0.55）	99.68（0.64）	99.63（0.58）
低创组	99.35（0.81）	99.40（0.58）	99.40（0.52）

以智力作为协变量，经过方差分析发现：情绪面孔条件的主效应不显著，$F(2, 54)=0.260$，$P>0.001$，$\eta_p^2=0.010$；创造力分组的主效应显著，$F(1, 27)=4.425$，$P<0.05$，$\eta_p^2=0.141$。进一步分析发现，高创造性思维水平者对情绪信息加工的正确率显著高于低创造性思维水平者；情绪面孔条件与创造力分组的交互作用不显著，$F(2, 54)=0.313$，$P<0.05$，$\eta_p^2=0.011$；智力的主效应不显著，$F(1, 27)=0.105$，$P>0.05$；情绪面孔条件和智力的交互作用不显著，$F(2, 54)=0.712$，$P>0.05$。

（二）生理结果

在本研究中，在行为实验的同时记录了被试的心率变化情况，以创造力分组和情绪面孔类型（中性、恐惧和高兴）为自变量，以被试在每种情绪面孔加工条件下的心率、R-R间期和R波幅度分别减去其相应的基线值作为因变量，从心理、生理学角度对高和低创造性思维水平者在不同情绪面孔信息加工过程中的差异进行方差分析。

1. 高和低创组在不同情绪信息加工中的心率差异

对高和低创组在面对中性面孔、恐惧面孔和高兴面孔下的心率差异进行统计分析，结果如表4.5所示。

表4.5 高和低创组在不同情绪信息加工中的心率 单位：次/分

创造力分组	中性面孔	恐惧面孔	高兴面孔
高创组	2.73（7.21）	1.11（5.77）	0.68（5.00）
低创组	2.99（4.04）	-0.05（71.90）	-0.14（2.52）

经过方差分析发现，情绪面孔条件的主效应显著，$F(2, 56)=15.272$，$P<0.001$，$\eta_p^2=0.353$。进一步分析发现，被试在恐惧面孔和高兴面孔条件下的心率显著低于中性面孔条件下；创造力分组的主效应不显著，$F(1, 28)=0.120$，$P>0.05$；情绪面孔条件和创造力分组的交互作用不显著，$F(2, 56)=1.017$，$P>0.05$。

2. 高和低创组在不同情绪信息加工中的 R-R 间期差异

对高和低创组在不同情绪面孔加工条件下的 R-R 间期的平均值进行统计分析，结果如表 4.6 所示。

表 4.6　高和低创组在不同情绪信息加工中的 R-R 间期　　　单位：s

创造力分组	中性面孔	恐惧面孔	高兴面孔
高创组	-0.04（0.07）	-0.02（0.05）	-0.02（0.05）
低创组	-0.03（0.04）	-0.00（0.03）	0.00（0.03）

经过方差分析发现，情绪面孔条件的主效应显著，$F(2, 56)=10.440$，$P<0.001$，$\eta_p^2=0.272$。进一步分析发现，被试在恐惧面孔和高兴面孔条件下的 R-R 间期显著大于中性面孔条件下；创造力分组的主效应不显著，$F(1, 28)=1.531$，$P>0.05$；情绪面孔条件和创造力分组的交互作用不显著，$F(2, 56)=0.669$，$P>0.05$。

3. 高和低创组在不同情绪信息加工中的 R 波幅度

对高和低创组在不同情绪面孔加工条件下的 R 波幅度的平均值进行统计分析，结果如表 4.7 所示。

表 4.7　高和低创组在不同情绪信息加工中的 R 波幅度

创造力分组	中性面孔	恐惧面孔	高兴面孔
高创组	-0.00（0.06）	-0.02（0.06）	-0.01（0.06）
低创组	0.02（0.05）	0.03（0.06）	0.03（0.06）

经过方差分析发现，情绪面孔条件的主效应不显著，$F(2, 56)=0.040$，$P>0.05$，$\eta_p^2=0.001$；创造力分组的主效应显著，$F(1, 28)=4.377$，$P<0.05$，$\eta_p^2=0.135$。进一步分析发现，低创者的 R 波幅度显著大于高创者；情绪面孔条件和创造力分组的交互作用显著，$F(2, 56)=4.611$，$P<0.05$，$\eta_p^2=0.141$。进一步分析发现，低创者在恐惧面孔和高兴面孔加工条件下的 R 波幅度均显著大于高创者，而高和低创者在中性面孔加工条件下的 R 波幅度差异不显著。

四、讨论

采用情绪 Stroop 任务进一步探讨高和低创者对情绪信息的认知抑制能力的差异，结果表明，高创者对情绪信息的认知抑制能力显著高于低创者，反应正确率更高，R 波幅度更小。

行为结果发现，高创者的正确率显著高于低创者，但两者对情绪信息加工的反应时差异不显著。生理指标结果发现，低创者加工高兴面孔和恐惧面孔时的 R 波幅度显著大于高创者，但高和低创者的心率和 R-R 间期差异不显著。R 波峰值是由于兴奋沿着房室束经浦氏纤维传至左、右心室，引起部分心室肌兴奋而产生的。心室肥厚时，激动从心内膜传到心外膜，时间相应延长，心室除极电位升高，在心电图上表现为 R 波峰增高。结果表明，相比高创者，低创者产生了更大的兴奋，导致传导时间延长，R 波幅度更高。

五、小结

在本研究条件下，可得出如下结论：相比低创者，高创者对情绪信息的认知抑制能力更高，主要体现在对情绪信息抑制的正确率更高，R 波幅度更小。

第三节　高和低创造性思维水平者认知抑制灵活性的比较研究

一、问题提出

认知抑制与创造性思维关系的理论观点还存在一个分歧，即对高创造性思维水平者的注意特质未达成一致观点。创造性思维的认知去抑制观点认为高创造性思维水平者的注意是一种离焦注意，且离焦注意处于一个稳定的状态。执行注意理论认为离焦注意与低水平的认知控制有关（Posner 和 Rothbart，2007），而创造性思维的认知抑制观点则认为高创造性思维水平者有高度的集中注意能力；创造性思维的适应性认知抑制假说则认为高创造性思维水平者的注意是一个变化的特质，可在离焦注意和集中注意中进行灵活转换，这是一种灵活性的认知控制能力。由此可见，三种假说对于高创造性思维水平者的注意状态还未达成一致结论。

研究发现，有创造性的人在有抑制干扰信息的任务中的反应时更慢，而在没有干扰的任务中的反应时更快（Kwiatkowski，Vartanian 和 Martindale，1999；Vartanian，Martindale 和 Kwiatkowski，2007；Dorfman，Martindale 和 Gassimova et al.，2008）。他们认为，有创造性的人具有分化的注意能力。高创造性思维水平者可能会根据任务要求或任务阶段灵活地采取集中注意或离焦注意。但是上述研究仅发现高创造性思维水平者比低创造性思维水平者在无干扰信息的认知任务上的反应时更快，但是在有干扰的认知抑制任务中，高创造性思维水平者的反应时更慢，也就是其认知抑制能力更差。这一结果虽然也表明高创造思维水平者面对不同任务时的反应不同，但是其在包含抑制的任务中的反应时并没有更短，这可能与研究中所采用的认知抑制任务不同有关。

因此，除了不同任务对抑制的需求不同，在 Stroop 任务中，不同试次之间的抑制要求也不同，并且个体还需要在不同试次之间灵活转换。在 Stroop 任务中，灵活性的认知抑制根据一个试验到另一个试验变化中的表现来评定，是指当前一次试验是不一致的启动试验时，被试对目标刺激的干扰效应量更低；而前一次试验是一致的启动试验时，被试对目标刺激的干扰效应量则不一定更低（Kerns et al.，2004）。因此，如果个体在一致启动条件下的干扰效应量更大，而在不一致启动条件下的干扰效应量更小，则表明其认知抑制更具有灵活性。在一致启动条件下，高创造性思维水平者由于较强的抑制能力，可能会对目标刺激的反应更快，因此其在一致启动条件下的干扰效应量会更大；而在不一致启动条件下，其对目标刺激的干扰效应量更小，所以相比低创造性思维水平者，高创造性思维水平者的认知抑制灵活性可能更高。

基于此，本研究针对高和低创造性思维水平者在不同任务条件下的认知抑制灵活性，以及同一任务不同试次之间转换的灵活性进行探讨，以解决理论之间的分歧，构建整合的认知抑制与创造性思维关系的理论。

二、研究方法

（一）被试

采用随机取样方法测量天津某大学本科生共计 205 人，其中男生 102 人，女生 103 人，平均年龄为 18 岁。所有被试听力和视力（含矫正视力）正常，均无感官障碍，无色盲或色弱现象。被试全部自愿参加实验，实验结束后赠送其礼物。

所有被试的创造性思维水平测验平均得分为（89.43±12.76）分。分别选取创造性思维水平总分大于或等于总均值加上一个标准差（>=M+SD）者纳入高创造性思维水平组，创造性思维水平总分小于或等于总均值减去一个标准差（<=M-SD）者纳入低创造性思维水平组。最终共筛选出高创造性思维水平组 15 人[平均成绩为（107.53±5.11）分]，低创造性思维水平组 15 人[平均成绩为（67.73±7.80）分]，共计 30 人，其中男生 16 人、女生 14 人。

对两组被试的创造力思考活动成绩进行独立样本 t 检验，结果发现，两组被试的创造性思维水平总分差异极其显著，t（28）=16.54，$P<0.001$。

（二）研究工具

选用由威廉斯编制，台湾师范大学林幸台和王木荣（1997）修订的"威廉斯创造力思考活动"作为测量创造性思维水平的工具，开展图画测验，要求被试在 20 分钟内使用给定的线条完成 12 幅图画，并为每幅图画起一个名字。任务涉及 6 个维度：流畅力、开放力、变通力、独创力、精密力、标题。该测验信度内部一致性 a 系数为 0.40～0.87，与托伦斯图形创造思考测验（甲式）相关系数为 0.38～0.73。该测验具有良好的信效度。

（三）研究程序

首先对被试进行创造性思维水平测验，然后筛选出高创造性思维水平组和低创造性思维水平组被试，分别让他们完成希克任务（Hick 任务）和纳冯任务（Navon 任务）。

1. Hick 任务

根据 Hick（1952）范式进行改编，目的是测量探测出刺激和做出反应的反应时。刺激呈现是一个黄色圆点，在圆点下方一排随机呈现一个、三个或五个内部写有数字的方框。要求被试在看到黄点出现后先快速点击任意键，然后按下圆点下方方框中数字的对应键。练习后，被试要完成 36 次试验，一、三、五个方框各 12 次，呈现次序随机排列。每个试验开始都会先在屏幕中央呈现一个 500 毫秒的"+"注视点，随机间隔 1000～3500 毫秒出现黄色圆点。

指导语如下："同学，你好！欢迎进入实验。首先在电脑屏幕上显示一个红色的'+'符号注视点，提醒你集中注视电脑屏幕。接着将突然出现一个黄色圆点。当你一看到圆点（即察觉到光）时，先按任意键，然后再按下圆点下方方框中数字的对应键（1～5）。实验呈现时间较短，请集中注意，又快又准地做出判断。准备好后，请点击任意键先开始练习，练习结束后再进入正式实验。"

2. Navon 任务

在整体优先任务（Navon，1977）中，要求被试根据大字母或者组成大字母的小字母进行反应。在"大字母"条件下，随机呈现一个由小"H""S"或者小方块组成的大"H""S"，要求被试对大字母按键反应；在"小字母"条件下，随机呈现由小"H""S"组成的大"H""S"和方块，要求被试对小字母按键反应。两组任务都包括 10 个练习试验、2 组正式实验，每组包括20 个试验。被试进行"大字母"（整体优先）任务和"小字母"（局部优先）任务的先后顺序被平衡，两个任务间隔 30 秒。每个试验开始时，首先在屏幕中央呈现一个 500 毫秒的注视点"+"，一个 Navon 字母任务被呈现，直到被试做出按键反应。如果 5 秒内没有按键反应，下一个试验将会开始。

"大字母"（整体优先）条件下的指导语如下："欢迎你来参加我们的实验！在这个测试中，首先在电脑屏幕上显示一个'+'符号注视点，提醒你开始实验并集中注视电脑屏幕。接着出现一个整体形状为大字母'S'或大字母'H'的图形，它们是由小'S'、小'H'或者小方块组成。请注意判断整体图形大字母是'S'还是'H'。如果整体图形为'S'，就点击键盘上的'S'键；如果整体图形是'H'，就点击'H'键。请你集中注意，又快又准地做出判断。准备好后，现在请你按任意键先开始练习，练习结束后再进入正式实验。""小字母"（局部优先）指导语与此类似，提醒被试注意小字母。

（四）数据处理

认知任务中记录了被试的反应时和正确率。未完成全部实验及正确率低于 90%等不符合任务标准的被试数据被剔除，反应时高于 2000 毫秒及平均数加减三个标准差外的个别数据被删除。实验结果采用 SPSS15.0 for Windows 统计软件包进行数据的统计分析和处理。

三、研究结果

从总体上看，高创造性思维水平组在希克任务（Hick 任务）和纳冯任务（Navon 任务）中的正确率分别为 97.8%、97.7%，低创造性思维水平组的正确率分别为 97.1%、94.6%。两组被试的正确率差异皆不显著（$P > 0.05$），这说明高、低创造性思维水平的大学生在这两项任务中反应的正确率都较高。

因此，本研究用正确反应的反应时作为认知任务成绩的指标。

（一）高和低创组在无认知干扰任务中的反应时差异

在 Hick 任务中，高和低创组被试在觉察和做出反应时的反应时平均数和标准差如表 4.8 所示。

表 4.8　高和低创组在 Hick 任务中的反应时（$M \pm SD$）

创造力分组	觉察反应时	做出反应时的反应时	t
高创组	522.26±140.75	844.19±180.91	0.299
低创组	508.54±109.00	831.52±104.74	0.235

经独立样本 t 检验发现，高、低创组的反应时不存在显著差异。

（二）高和低创组在纳冯任务（Navon 任务）中的反应时差异

高和低创组被试在纳冯任务（Navon 任务）各条件下的反应时的平均数、标准差如表 4.9 所示。

表 4.9　高和低组在纳冯任务（Navon 任务）中的反应时（$M \pm SD$）

创造力分组	刺激一致		刺激不一致	
	整体"大字母"	局部"小字母"	整体"大字母"	局部"小字母"
高创组	395.42±13.51	462.22±16.28	730.52±10.42	924.22±10.42
低创组	447.02±13.51	523.12±16.28	731.82±10.42	866.52±10.42

将创造力分组（高创组、低创组）、刺激类型（一致、不一致）和反应目标（整体、局部）作为自变量，将反应时作为因变量，进行三因素混合设计的方差分析，结果发现：刺激类型的主效应显著，$F_{(1, 29)} = 7.53$，$P < 0.05$，一致条件下的反应时显著快于不一致条件下。

刺激类型与创造力分组之间的交互作用极其显著，$F_{(1, 29)} = 17.96$，$P < 0.001$。进一步分析发现，在刺激一致条件下，高创组的反应显著快于低创组；在刺激不一致条件下，高创组的反应显著慢于低创组。

刺激类型、反应目标与创造力分组三者之间的交互作用显著，$F_{(1, 29)} = 4.71$，$P < 0.05$。进一步分析发现，当反应目标为整体大字母时，高创者在刺激一致条件下显著快于低创者，在刺激不一致条件下两组差异不显著；当反应目标为局部小字母时，高创者在刺激一致条件下的反应速度显著快于低创者，在刺激不一致条件下，其反应速度显著慢于低创者。

主效应及交互作用不显著，在此不一一列出。

四、讨论

本研究共进行了两个不同的实验任务，分别考察了高和低创者对无认知干扰任务（Hick 任务）和存在抑制干扰信息的任务（Navon 任务）进行认知加工时反应时的差异。结果表明，不同创造性思维水平被试在完成希克任务（Hick 任务）时，高、低创造性思维水平组的反应时差异不显著。而在完成需要抑制干扰信息的纳冯任务（Navon 任务）时，高创造性思维水平者在刺激一致条件下的反应时显著短于低创造性思维水平者，而在刺激不一致条件下的反应时显著长于低创造性思维水平者。研究结果基本支持我们最初的研究假设。已有研究发现，个体的选择反应时与所呈现刺激的信息容量呈线性关系，该斜率与个体进行信息转换的效率与速度相关（Hick，1952）。本研究结果也表明，在信息容量相同的条件下，高创造性个体在无分心物干扰的情况下，信息加工速度更快。但本研究未发现不同创造性思维水平个体完成Hick 任务时的反应时存在差异，这可能是研究工具的差异所致。希克实验（Hick 实验）用 VB 程序设计，要求被试直接用鼠标点击屏幕上的方框进行反应，即刺激呈现和被试做出反应均在同一界面（屏幕）上。而本实验对其加以改编，使用 E-prime 程序进行，由于程序的限制，只能让被试在键盘上按键进行反应，或许正是对键盘上按键数字的关注分散了被试的注意力，使得实验结果未达到预期。此外，Navon 任务是为被试呈现由小字母组成的大字母，其中一些试验要求被试抑制局部特征来识别大字母，另一些试验要求被试抑制整体特征来识别小字母。我们推测，整体特征加工总是优于局部特征加工，因此在局部特征加工时，必须抑制整体特征加工产生的大量干扰，由此导致反应时间延长。有较大的注意广度的被试，更能注意到整体特征，导致对整体特征的抑制低，因而局部特征加工的时间更长。本研究结果表明，高创组在刺激不一致的条件下的反应时显著长于低创组，并且当反应目标为整体大字母时，高创组在刺激一致条件下的反应时显著快于低创组，在刺激不一致条件下两组差异不显著；当反应目标为局部小字母时，高创组在刺激一致条件下的反应速度显著快于低创组，在刺激不一致条件下，其反应速度显著慢于低创造性思维水平组，这与前人的研究结果是一致的（Hick，1952）。从 Navon（1977）任务的结果也可以看出，在认知加工不包含干扰的条件下，高创组的反应时比低创组更短，而在认知加工包含干扰的条件下，高创组的反应时比低创组更长。也正如蒂珀（1996）所说的那样，高创者表现出一种灵活的认知抑制机制。

信息加工系统在处理外界信息时，由于注意系统的资源有限性，在特定时间内只能选择性地加工一小部分信息，忽视同时间作用于感官的大量无关信息。尽管发散性思维是创造性思维的核心，但创造性想法的产生最终须将注意集中，因为高创造性个体不仅要探索各种观点和方法，还必须集中注意选择合适的解决方案。因此，创造性个体虽然具有离焦注意的倾向，但是当情境需要时，他们也能很好地利用认知资源，集中注意，以便能完成所面临的任务。高创者具有较灵活的注意资源分配方式。马丁代尔（2007）认为，在离焦和聚焦注意之间改变认知状态的能力是创造性思维的一种关键特征。从注意的角度分析，创造性个体的注意模式特点为离焦注意与聚焦注意的交替转变。聚焦注意的增强使注意焦点中目标信息的内部表征得到增强，从而使信息加工速度提高。在问题解决的初级阶段，高创造性个体常常采用散焦注意的方式来分配注意资源以获得更多的想法，这种认知的去抑制不受个体的自我控制，然而散焦注意会使个体执行任务时受到更多分心物的干扰，即扩大注意广度需要付出信息加工速度减慢的代价。在问题解决的后期，创造性个体需要使用聚焦注意来选择与任务有关的想法，抑制与任务无关的刺激，这时创造性个体的认知抑制得到增强，同时在缩小注意广度时，信息加工速度得到提高。高创造性个体在不同任务中反应时的变化正好也反映了创造性能力是一个动态的过程，创造力产生的不同阶段具有不同的认知特点。研究结果基本支持马丁代尔（2007）提出的创造力的注意中介模型（the attention intermediary model of creativity）。

五、小结

在本研究条件下，可以得出如下结果：①高创者在不包含干扰的希克任务（Hick 任务）中的反应时显著短于低创者；②高创者在包含干扰的纳冯任务（Navon 任务）的不一致条件下的反应时显著长于低创者，并且在局部加工时，高创组在一致条件下的反应时快于低创组，高创组在不一致条件下的反应时慢于低创组。结果表明，高创者会根据不同的任务灵活调整自己的注意水平，表现出灵活的认知抑制能力。

第五章 高和低创造性思维水平者认知抑制能力的影响因素研究

第一节 情绪对高和低创造性思维水平者认知抑制的影响

一、问题提出

情绪是人对客观事物的态度体验及相应的行为反应。情绪与创造性思维关系的实验研究始于20世纪80年代。情绪是个体的创造性行为得到发展的动力性机制。关于情绪对创造性思维的影响成为近年来创造力研究的热点。

以往研究主要从情绪效价的角度，从积极情绪和消极情绪方面分别考察其对创造性思维的影响，研究者提出了多种理论观点来解释情绪对创造性思维的影响。已有的研究结果可归纳为两种对立的观点：第一，积极情绪促进创造性思维，消极情绪阻碍创造性思维。莫里斯（1989）提出的认知调整模型（cognitive tuning model）认为，情绪是个体对环境危险或安全的评估指标，个体依照情绪所提供的信号调整身体觉醒状态及认知系统的加工方式。消极情绪代表外界是危险的或自身的资源是不足的，因此个体必须采取系统性、保守、严谨、按部就班的信息处理策略；反之，若个体处于积极情绪状态下，则代表环境中无明显的危险且自身的资源充足，此时人们愿意冒险，同时也较富创意，容易产生不寻常的联想（Schwarz，1990）。因此，积极情绪有助于创造力的产生，而消极情绪则可能对创造力产生阻碍作用。研究发现，个体在积极情绪下表现出更强的创造力（Damian 和 Robins，2012；卢家楣、刘伟和贺雯等，2002；胡卫平和王兴起，2010），而在消极情绪下（状态焦虑），创造性思维的流畅性和变通性维度得分较低（卢家楣，2005）。另外，沈承春和张庆林（2012）的研究发现，正性情绪对顿悟问题解决中的原型启发有促进作用，负性情绪对顿悟问题解决中的原型启发有抑制作用，其中高负性情绪对原型启发的抑制作用强于低负性情绪。第二，积极情绪阻碍创造性思维，消极情绪促进创造性思维，如埃伯利（1992）的心境-修复理论。研究发现，消极情绪下（主要是悲伤和焦虑）个体的创造性表现更好（Carlsson，Wendt和Risberg，2000；Carlsson，2002；De Dreu，Baas和Nijstad，2008；Akinola和Mendes，2008）。消极情绪对创造性问题解决也有促进作用（Mikulincer，Kedem和Paz，1990；Vosburg，1998）。还有研究发现，消极情绪和中性情绪比积极情绪下靶字谜题解决的原型启发的正确率更高（李亚丹、马文娟和罗俊龙等，2012）。

从上述结果可以看出，情绪对创造力影响的相关研究还未达成一致结论。研究表明，情绪对个体的认知控制能力存在重要的影响。不管是积极情绪，还是消极情绪，处于这两种情绪状态下的个体比处于平静状态的个体具有更高效的注意认知控制能力。积极情绪促使个体放松认知控制，让个体的认知控制具有更好的灵活性，因而导致个体的认知控制能力更强；而个体在消极情绪状态下会对认知控制更加紧张，使得认知控制的效率更高（Rowe，Hirsh和Anderson，2007）。

研究者对情绪与认知抑制之间的关系进行了深入探讨。在以往研究中，对于两者关系的研究结论颇有争议。一方面，有研究者认为，情绪对认知抑制过程起到促进作用。例如，查尤特等（2010）采用Stroop任务探讨情绪刺激对注意力的捕获作用，结果发现，情绪对认知过程具有较好的促进作用；奥拉通吉等（2011）在探讨面部表情对视觉搜索效率的影响的研究中发现，个体在愤怒、恐惧等消极情绪状态下的注意力会更加集中，有利于减少任务无关信息带来的干扰，从而加快认知任务的完成。另一方面，也有研究者认为，情绪对认知过程有阻碍作用，如白学军等（2016）以高和低特质焦虑个体为研究对象，探讨积极情绪和消极情绪状态下个体完成高难度的Stroop任务时的差异。结果发现，相比低特质焦虑被试，高特质焦虑被试的反应时更长，表明高特质焦虑被试的认知抑制功能不足。此外，还有研究发现，积极情绪和消极情绪均对个体的认知抑制产生阻碍作用。贾丽萍等（2017）探讨了不同焦虑状态下个体情绪对认知抑制的影响，在诱发被试的焦虑状态后，向其呈现正性、负性和中性图片，然后让被试完成Stroop任务，探讨情绪对高、低焦虑状态个体认知抑制的影响。研究结果发现，正性和负性情绪对高、低焦虑状态被试的认知抑制均起到了阻碍作用。

本实验通过视频诱发个体的积极情绪（高兴）和消极情绪（悲伤），探讨了积极情绪和消极情绪下高创造性思维水平者和低创造性思维水平者认知抑制能力的差异。研究假设：积极情绪下，高创造性思维水平者在不一致条件下的心率比低创造性思维水平者更高；消极情绪下，高创造性思维水平者在不一致条件下的心率比低创造性思维水平者更高。

二、研究方法

（一）被试

采用"托兰斯创造性思维测验"词汇卷和图画卷分别对 457 名大学生进行测试，然后对被试的创造力总分进行排序，从而挑选出高创造性思维水平组被试和低创造性思维水平组被试各 26 人，共 52 名被试。这些被试完成任务后，删除 2 名正确率低于 90% 的被试，删除 2 名生理数据未成功记录的被试，最终被试为 48 人。其中，高创造性思维水平组被试 24 人，包括男生 10 人、女生 14 人，平均年龄为 19.15 岁；低创造性思维水平组被试 24 人，包括男生 8 人、女生 16 人，平均年龄为 19.22 岁。

高创造性思维水平者和低创造性思维水平者的创造力总分的平均分分别如下：$M_{高}=280.29$，$SD=30.55$；$M_{低}=158.08$，$SD=39.49$，对这两组被试的创造力得分进行独立样本 t 检验，结果发现，两组被试的创造力得分差异显著 [$t(46)=11.992$，$P<0.001$]，且高创造性思维水平组的创造力得分显著高于低创造性思维水平组的创造力得分。

高创造性思维水平者和低创造性思维水平者的智力分数分别如下：$M_{高}=53.75$，$SD=2.85$；$M_{低}=52.54$，$SD=4.62$，对这两组被试的智力分数进行独立样本 t 检验，结果发现，两组被试的智力分数差异不显著 [$t(46)=1.090$，$P>0.05$]，被试无智力障碍，无色盲、色弱，实验完成后，每个被试均获得适当报酬。

（二）实验设计

实验设计为 2（创造力分组：高创组、低创组）×2（情绪组别：积极、消极）×2（任务类型：字义命名、颜色命名）×2（刺激类型：一致、不一致）四因素混合设计，其中创造性思维水平组别和情绪组别为组间变量，任务类型和刺激类型为组内变量。

（三）研究工具

同第四章第一节实验 1。

（四）实验材料

认知抑制任务材料同第五章第一节实验 2。情绪视频采用以往研究筛选出来的视频片段（李芳、朱昭红和白学军，2008；靳霄、邓光辉和经昊等，2009）。诱发被试高兴情绪的视频为《唐伯虎点秋香》片段（时长 3 分40 秒），诱发被试悲伤情绪的视频为《我的兄弟姐妹》片段（时长 3 分 27秒）。对诱发的被试的高兴或悲伤的情绪进行五点评定，"1" 代表根本没有，"5" 代表非常强烈。

（五）实验仪器

同第四章第一节实验 2。

（六）研究程序

实验在实验室个别进行。首先，让被试填写情绪评定量表 1。然后，让四组被试分别观看能让其高兴和悲伤的视频，诱发其高兴或悲伤的情绪状态。观看视频后请被试填写情绪评定量表 2。完成情绪评定后，要求被试完成 Stroop 字义-颜色转换任务。具体的实验程序如下：首先在屏幕中央出现一个注视点 "+"，持续 500 毫秒，然后出现一个颜色字，程序允许被试的反应时为 3000 毫秒。如果被试反应错误，则在屏幕上向被试呈现反馈信息 "反应错误"。被试通过外接反应盒进行反应。根据李芳、朱昭红和白学军（2008）对高兴和悲伤视频诱发情绪的有效性和时间进程的研究，诱发情绪的有效时间大约为 7 分钟。因此，为了保证被试做认知任务时仍处于所诱发的情绪状态，取消每个试次之间 10~12 秒的长时间间隔，改为 500 毫秒，以保证被试在成功诱发的相应情绪状态下完成认知任务。具体实验程序如图 5.1 所示。

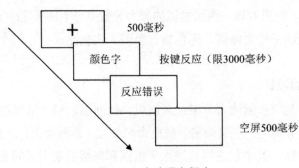

图 5.1　实验研究程序

首先，被试进入实验室后，让其熟悉实验环境，主试为被试连接上记录生理反应的传感器。其次，主试向被试详细说明实验过程，具体指导语同实验 3。最后，要求被试保持平静和放松的状态，开始进行生理基线数据采集，持续采集生理指标 2 分钟，以此作为基线值。采集数据 2 分钟后，让被试填写情绪评定量表 1。接着，主试向随机分配到各情绪诱发组的被试呈现不同的视频，分别诱发其高兴或悲伤的情绪状态。观看视频后，请被试填写情绪评定量表 2。完成情绪诱发及情绪评定后，开始反应时任务。要求所有被试完成 Stroop 字义-颜色转换任务。

（七）生理数据的采集与分析

本实验参照前人研究（白学军、朱昭红和沈德立等，2009；王芹、白学军和郭龙健等，2012），采用心率（HR）、心跳间期（R-R interval）指标作为自主神经活动水平的参数。

指标的采集方法如下：先将一次性电极片粘贴在被试的左下第四肋骨与第五肋骨间、胸膈肌处和右下腹部，然后将正极线和负极线分别连接到被试的左下肋骨处和胸膈肌处，地线连在右下腹部处。电极另一头连接在无线发射器 ECG 端口上，信号发射到心电描记放大器 ECG100E 模块上记录心率变化，放大倍数为 1000 倍，采样率为 200 赫兹。心率检测范围为 40～180 次/分，检测精度小于等于±5%。参照朱昭红和白学军（2009）的研究，将各条件下的心率和心跳间期定义为从刺激开始呈现到被试按键反应结束之间的所有心跳周期的心率和心跳间期的平均值。心率和心跳间期的基线值为采集的被试在基线期内的所有心跳周期的心率和心跳间期的平均值。

（八）数据处理

所采集的生理数据在 AcqKnowledge 4.2 软件上进行编辑处理。数据使用 SPSS18.0 进行分析。删除反应时大于 2000 毫秒的极端值，删除平均数三个标准差之外的数据，分析反应时和心电指标时删除错误反应的数据。删除数据占总数据的 6.27%。删除反应正确率低和生理结果没有被记录的被试 4 人，最后有效被试共计 48 人。

三、研究结果

（一）情绪诱发的主观评定结果

对被试实验前的情绪评定和诱发后的情绪评定结果分别进行两个相关样本 t 检验，结果显示，对积极情绪的评定结果（M=2.06，SD=1.14）显著高于实验前的情绪评定结果（M=1.19，SD=0.39），t（47）=5.591，P＜0.001；对消极情绪的评分（M=2.13，SD=1.21）显著高于实验前的情绪评定结果（M=1.23，SD=0.42），t（47）=-4.743，P＜0.001。结果表明，本研究播放的视频分别有效诱发了被试的积极和消极情绪状态。

（二）行为结果

1. 高创者和低创者在不同情绪状态下完成 Stroop 任务的反应时结果

对高创者和低创者在不同情绪状态下完成 Stroop 字义命名和颜色命名任务的反应时的平均数和标准差进行统计，结果如表 5.1 所示。

表5.1　高创组和低创造组被试在不同情绪状态下的 Stroop 任务反应时　单位：毫秒

情绪组别	创造力分组	字义命名		颜色命名	
		一致	不一致	一致	不一致
积极情绪	高创组	574（73）	678（119）	622（107）	784（139）
	低创组	596（81）	680（152）	608（95）	850（125）
消极情绪	高创组	596（96）	684（127）	640（136）	861（219）
	低创组	611（59）	739（113）	646（123）	827（174）

经过重复测量两因素的方差分析，结果如下：

任务类型的主效应显著，F（1，44）=24.100，P＜0.001，η_p^2=0.354，字义命名任务的反应时显著短于颜色命名任务的反应时；刺激类型的主效应显著，F（1，44）=285.899，P＜0.001，η_p^2=0.867，字色一致条件下的反应时显著短于字色不一致条件的反应时；情绪组别的主效应不显著，F（1，44）=0.823，P＞0.05；创造力分组的主效应不显著，F（1，44）=0.258，P＞0.056。

任务类型与刺激类型的交互作用显著，F（1，44）=23.801，P＜0.001，η^2=0.351。进一步分析发现，不管是字义命名任务还是颜色命名任务，字色一致条件下的反应时显著短于字色不一致条件下的反应时，P＜0.001；任务类型、刺激类型与创造力分组三者的交互作用不显著，F（1，44）=0.062，P＞0.05，η^2=0.001；任务类型、刺激类型与情绪组别的交互作用不显著，F（1，44）=0.131，P＞0.05，η^2=0.003。

情绪组别与创造力分组的交互作用不显著，F（1，44）=0.020，P＞0.05；任务类型与情绪组别的交互作用不显著，F（1，44）=0.005，P＞0.05；任务类型与创造力分组的交互作用不显著，F（1，44）=0.283，P＞0.05；任务类型、情绪组别与创造力分组的交互作用不显著，F（1，44）=0.836，P＞0.05；

刺激类型与情绪组别的交互作用不显著，$F(1, 44)=0.124$，$P>0.05$；刺激类型与创造力分组的交互作用不显著，$F(1, 44)=0.700$，$P>0.05$；刺激类型、情绪组别与创造力分组的交互作用不显著，$F(1, 44)=0.716$，$P>0.05$。

任务类型、刺激类型、情绪组别与创造力分组四者的交互作用显著，$F(1, 44)=4.967$，$P<0.05$，$\eta^2=0.101$。进一步分析发现，对于字义命名任务来说，创造力分组、情绪组别与刺激类型的交互作用不显著，$P>0.05$，但是对于颜色命名任务来说，创造力分组、情绪组别与刺激类型的交互作用显著，$P<0.05$。简单简单效应分析发现，在高兴的情绪状态下，创造力分组与刺激类型的交互作用显著，$P<0.05$，高创者和低创者在字色一致条件下的反应时均显著短于字色不一致条件下；但是在悲伤的情绪状态下，创造力分组与刺激类型的交互作用不显著，$P>0.05$。

2. 高创者和低创者在不同情绪状态下的反应时干扰效应量

对高创者和低造者在不同情绪状态下完成 Stroop 字义命名和颜色命名任务的干扰效应量进行统计分析，结果如表 5.2 所示。

表 5.2 高创者和低创者在不同情绪状态下的干扰效应量　　单位：毫秒

情绪状态	创造力分组	字义命名	颜色命名
积极情绪	高创组	105（64）	161（94）
	低创组	84（110）	242（75）
消极情绪	高创组	88（67）	221（118）
	低创组	128（100）	180（109）

经过重复测量方差分析，结果如下：

任务类型的主效应显著，$F(1, 44)=23.801$，$P<0.05$，$\eta_p^2=0.351$，字义命名任务的干扰效应量显著小于颜色命名任务；创造力分组的主效应不显著，$F(1, 44)=0.700$，$P>0.05$；情绪组别的主效应不显著，$F(1, 44)=0.124$，$P>0.05$；任务类型与创造力分组的交互作用不显著，$F(1, 44)=0.062$，$P>0.05$；任务类型与情绪组别的交互作用不显著，$F(1, 44)=0.131$，$P>0.05$。

任务类型、创造力分组与情绪组别三者的交互作用显著，$F(1, 44)=4.967$，$P<0.05$，$\eta_p^2=0.101$，进一步分析发现，对于字义命名任务，创造力分组与情绪组别的交互作用不显著，$F(1, 44)=1.449$，$P>0.05$；对于颜色命名任务，创造力分组与情绪组别的交互作用显著，$F(1, 44)=4.418$，$P<$

0.05，η_p^2=0.091。进一步分析发现，当处于高兴的情绪状态时，高创者的干扰效应量（$M_{高}$=161 毫秒）显著小于低创者（$M_{低}$=242 毫秒）；当处于悲伤的情绪状态时，高创者的干扰效应量（$M_{高}$=221 毫秒）与低创者的干扰效应量（$M_{低}$=180 毫秒）无显著差异。

3. 高创者和低创者在不同情绪状态下完成 Stroop 任务的正确率

对高创者和低创者在不同情绪状态下完成 Stroop 字义命名和颜色命名任务的正确率进行统计，结果如表 5.3 所示。

表 5.3　高创者和低创者在不同情绪状态下的 Stroop 任务正确率　　　　单位：%

情绪状态	创造力分组	字义命名		颜色命名	
		一致	不一致	一致	不一致
积极情绪	高创组	96.18（5.75）	94.79（4.40）	96.18（7.21）	86.81（8.67）
	低创组	97.92（3.77）	92.01（8.23）	98.96（2.59）	91.32（9.97）
消极情绪	高创组	97.57（3.75）	94.44（5.71）	97.57（4.85）	89.24（7.84）
	低创组	96.53（3.48）	94.79（4.40）	98.61（2.71）	93.40（4.85）

经过重复测量两因素的方差分析，结果如下：

任务类型的主效应显著，$F(1,44)$=4.460，$P<0.05$，η_p^2=0.092，字义命名任务的反应正确率显著高于颜色命名任务的反应正确率；刺激类型的主效应显著，$F(1,44)$=47.480，$P<0.001$，η_p^2=0.519，字色一致条件下的反应正确率显著高于字色不一致条件下的反应正确率；情绪组别的主效应不显著，$F(1,44)$=0.870，$P>0.05$；创造力分组的主效应不显著，$F(1,44)$=1.580，$P>0.05$。

任务类型与刺激类型的交互作用显著，$F(1,44)$=8.003，$P<0.01$，η_p^2=0.154。进一步分析发现，不管是字义命名任务还是颜色命名任务，字色一致条件下的反应正确率皆显著高于字色不一致条件，$P<0.001$；对于字色一致刺激来说，字义命名任务的反应正确率和颜色命名任务无显著差异，$P>0.05$，但是对于字色不一致刺激来说，字义命名任务的反应正确率要显著高于颜色命名任务，$P<0.001$。

任务类型与创造力分组的交互作用显著，$F(1,44)$=6.121，$P<0.05$，η_p^2=0.122。进一步分析发现，高创者和低创者完成字义命名任务的正确率差异

不显著，$P>0.05$，但低创者完成颜色命名任务的正确率显著高于高创者，$P<0.05$。

创造力分组与情绪组别的交互作用不显著，$F(1,44)=0.041$，$P>0.05$；任务类型与情绪组别的交互作用不显著，$F(1,44)=0.295$，$P>0.05$；刺激类型与情绪组别的交互作用不显著，$F(1,44)=0.907$，$P>0.05$；刺激类型与创造力分组的交互作用不显著，$F(1,44)=0.078$，$P>0.05$；刺激类型、情绪组别与创造力分组的交互作用不显著，$F(1,44)=1.384$，$P>0.05$；任务类型、刺激类型与创造力分组三者的交互作用不显著，$F(1,44)=1.507$，$P>0.05$；任务类型、刺激类型与情绪组别的交互作用不显著，$F(1,44)=0.026$，$P>0.05$；任务类型、情绪组别与创造力分组的交互作用不显著，$F(1,44)=0.178$，$P>0.05$；任务类型、刺激类型、情绪组别与创造力分组四者的交互作用不显著，$F(1,44)=0.481$，$P>0.05$。

（三）生理结果

1. 高创者和低创者在不同情绪状态下完成 Stroop 任务时的心率

对高创者和低创者在不同情绪状态下完成 Stroop 字义命名和颜色命名任务时的心率进行统计，以基线心率为协变量，进行协方差分析，结果如表5.4 所示。

表5.4　高创者和低创者在不同情绪状态下的 Stroop 任务心率　　单位：次/分

情绪组别	创造力分组	字义命名		颜色命名	
		一致	不一致	一致	不一致
积极情绪	高创组	95.82（16.52）	95.52（15.71）	97.61（17.07）	96.40（18.57）
	低创组	95.49（13.25）	94.90（13.69）	93.39（13.12）	92.81（12.89）
消极情绪	高创组	92.31（14.69）	91.46（13.17）	93.06（13.81）	90.44（11.87）
	低创组	93.70（8.59）	94.89（9.89）	95.62（11.18）	95.48（10.70）

经过重复测量两因素的协方差分析，结果如下：

任务类型的主效应不显著，$F(1,43)=0.092$，$P>0.05$；创造力分组的主效应不显著，$F(1,43)=1.266$，$P>0.05$；情绪诱发组别的主效应不显著，$F(1,43)=0.001$，$P>0.05$；刺激类型的主效应不显著，$F(1,43)=1.191$，$P>0.05$，$\eta^2=0.027$。

刺激类型与创造性思维水平组别的交互作用显著，$F(1, 43)=5.369$，$P<0.05$，$\eta_p^2=0.111$。进一步分析发现，高创造性思维水平者面对一致刺激反应时的心率显著高于不一致刺激，$P<0.05$；低创造性思维水平者面对一致刺激和不一致刺激反应时的心率无显著差异，$P>0.05$。

创造力分组和情绪诱发组别的交互作用不显著，$F(1, 43)=1.132$，$P>0.05$；刺激类型与 HR 基线的交互作用不显著，$F(1, 43)=1.859$，$P>0.05$；任务类型与 HR 基线的交互作用不显著，$F(1, 43)=0.103$，$P>0.05$；任务类型与创造力分组的交互作用不显著，$F(1, 43)=0.656$，$P>0.05$；任务类型与情绪诱发组别的交互作用不显著，$F(1, 43)=0.536$，$P>0.05$；刺激类型与情绪诱发组别的交互作用不显著，$F(1, 43)=0.001$，$P>0.05$。

任务类型、创造力分组与情绪诱发组别三者的交互作用达到边缘显著，$F(1, 43)=3.287$，$P<0.1$（$P=0.077$），$\eta_p^2=0.071$。进一步分析发现，当处于高兴情绪状态时，创造力分组与任务类型的交互作用达到边缘显著，$F(1, 22)=4.188$，$P<0.1$（$P=0.053$），$\eta_p^2=0.166$，高创者完成字义命名任务时的心率（$M_{高}=97.75$）显著高于低创者（$M_{低}=93.31$），$P<0.05$，且高创者完成颜色命名任务时的心率（$M_{高}=99.29$）也显著高于低创者（$M_{低}=90.82$），$P<0.05$；当处于悲伤情绪状态时，创造力分组与任务类型的交互作用不显著，$P>0.05$。

刺激类型、创造力分组和情绪诱发组别三者的交互作用达到边缘显著，$F(1, 43)=3.188$，$P<0.1$（$P=0.081$），$\eta_p^2=0.069$。进一步分析发现，当处于高兴情绪状态时，创造力分组和刺激类型的交互作用不显著，$P>0.05$；当处于悲伤情绪状态时，创造力分组和刺激类型的交互作用显著，$F(1, 21)=5.416$，$P<0.05$，$\eta_p^2=0.205$。简单效应分析发现，高创者在一致条件下的心率（$M_{高}=94.18$）与低创者（$M_{低}=93.17$）的心率差异不显著，$P>0.05$，而高创者在不一致条件下的心率（$M_{高}=92.29$）低于低创者（$M_{低}=93.84$），$P<0.05$。

任务类型与刺激类型的交互作用不显著，$F(1, 43)=0.337$，$P>0.05$，$\eta_p^2=0.008$；任务类型、刺激类型与 HR 基线的交互作用不显著，$F(1, 43)=0.131$，$P>0.05$；任务类型、刺激类型和创造力分组三者的交互作用不显著，$F(1, 43)=0.299$，$P>0.05$；任务类型、刺激类型和情绪诱发组别三者的交互作用不显著，$F(1, 43)=0.955$，$P>0.05$；任务类型、刺激类型、创造力分组和情绪诱发组别四者的交互作用不显著，$F(1, 43)=0.052$，$P>0.05$。

2. 高创者和低创者在不同情绪状态下完成 Stroop 任务时的心跳间期

对高创者和低创者在不同情绪状态下完成 Stroop 字义命名和颜色命名任务时的心跳间期进行统计，以基线心跳间期为协变量，进行重复测量协方差分析，结果如表 5.5 所示。

表 5.5　高创者和低创者在不同情绪状态下的 Stroop 任务心跳间期　单位：秒

情绪 组别	创造力分组	字义命名		颜色命名	
		一致	不一致	一致	不一致
积极情绪	高创组	0.65（0.13）	0.65（0.13）	0.64（0.13）	0.65（0.15）
	低创组	0.64（0.08）	0.65（0.09）	0.66（0.08）	0.66（0.08）
消极情绪	高创组	0.68（0.13）	0.69（0.12）	0.67（0.12）	0.68（0.11）
	低创组	0.65（0.06）	0.65（0.06）	0.64（0.07）	0.64（0.07）

经过重复测量两因素的协方差分析，结果如下：

任务类型的主效应不显著，$F(1, 43)=0.000$，$P>0.05$；创造力分组的主效应不显著，$F(1, 43)=1.189$，$P>0.05$；情绪诱发组别的主效应不显著，$F(1, 43)=0.049$，$P>0.05$；刺激类型的主效应不显著，$F(1, 43)=0.632$，$P>0.05$。

刺激类型与创造力分组的交互作用显著，$F(1, 43)=4.258$，$P<0.05$，$\eta_P^2=0.090$。进一步分析发现，高创者在一致条件下的心跳间期显著短于不一致条件下的心跳间期，$P<0.05$；低创者在一致条件和不一致条件下的心跳间期无显著差异，$P>0.05$。

创造力分组和情绪诱发组别的交互作用不显著，$F(1, 43)=1.254$，$P>0.05$；刺激类型与心跳间期基线的交互作用不显著，$F(1, 43)=0.235$，$P>0.05$；任务类型与心跳间期基线的交互作用不显著，$F(1, 43)=0.103$，$P>0.05$；任务类型与创造力分组的交互作用不显著，$F(1, 43)=0.592$，$P>0.05$；任务类型与情绪诱发组别的交互作用不显著，$F(1, 43)=1.995$，$P>0.05$；刺激类型与情绪诱发组别的交互作用不显著，$F(1, 43)=0.538$，$P>0.05$；任务类型与刺激类型的交互作用不显著，$F(1, 43)=2.823$，$P>0.05$；任务类型、创造力分组与情绪诱发组别三者的交互作用不显著，$F(1, 43)=1.209$，$P>0.05$；刺激类型、创造力分组和情绪诱发组别三者的交互作用不显著，$F(1, 43)=1.888$，$P>0.05$；任务类型、刺激类型与心跳间期基线的交互作用不显著，$F(1, 43)=3.583$，$P>0.05$；任务类型、刺激类型和创造力分组三者的交互作用不显著，$F(1，43)=0.299$，$P>0.05$；任务类型、刺激类型和情绪诱发组别三者的交互作用不显著，$F(1，43)=0.003$，$P>0.05$；任务类型、刺激类型、创造力分组和情绪诱发组别四者的交互作用不显著，$F(1，43)=0.356$，$P>0.05$。

四、讨论

（一）情绪状态对高创者和低创者认知抑制能力的影响

行为实验结果发现，在字义命名任务中，创造力分组、刺激类型与情绪分组的交互作用不显著，且在干扰效应量上，创造力分组与情绪分组的交互作用也不显著，表明情绪状态并不影响高创者和低创者在字义命名任务中的认知抑制能力。但是，在较难的颜色命名任务中，高兴情绪下高创者的干扰效应量显著小于低创者，表明高兴情绪促进了高创者的认知抑制能力；而在悲伤情绪下，创造力分组与刺激类型在反应时上的交互作用不显著，且高创者和低创者的干扰效应量差异也不显著，表明悲伤情绪对高创者和低创者认知抑制的影响不明显。上述结果表明，积极情绪促进了高创者在需要更多控制性加工的任务中的认知抑制能力，但消极情绪对高创者认知抑制的促进或阻碍作用不明显。

积极情绪对个体的认知加工的影响较大。以往研究发现，相比消极情绪和中性情绪，积极情绪对认知加工的影响范围更大（Ashby，Isen 和 Turken，1999），积极情绪促进了个体的认知灵活性（Isen 和 Daubman，1984；Isen，Niedenthal 和 Cantor，1992），而且还能帮助个体克服功能固着的影响，进一步提高个体的问题解决能力（Greene 和 Noice，1988；Isen，Daubman 和 Nowicki，1987），减弱了 Stroop 干扰效应（Dreisbach 和 Goschke，2004）。积极情绪的神经心理学理论认为，积极情绪通过增加释放神经递质多巴胺来促进个体产生更好的认知和行为效应，并且在积极情绪下，个体的认知灵活性得到提高，这源于前扣带回皮层（ACC）释放的多巴胺的中介作用（Ashby et al.，1999）。因此，我们认为，积极情绪导致个体的前扣带回皮层释放了更多的多巴胺，提高了个体的认知灵活性，从而提高了个体的创造力（Schmajuk，Buhusi 和 Gray，1998）。高创者更能从积极情绪中获益，因而积极情绪下高创者比低创者的认知抑制能力更好，而消极情绪状态下，高创者和低创者的认知抑制能力无明显差异。认知资源理论认为，个体处于消极情绪时，用于创造的认知资源转向产生一种防御物，防御由情境引出的消极情绪，这样个体就很难表现出高创造性，因为个体除了需要运用认知资源进行创造性活动和抑制活动外，还要耗费一定的认知资源来阻止消极情绪的产生（Basch，1996）。因此，消极情绪下高创者没有表现出比低创者更高的认知抑制能力。

（二）情绪对创造性思维与认知抑制关系影响的生理机制

实验同时采集了被试的心电指标，结果发现，高兴情绪状态下，高创者和低创者在一致和不一致条件下的心率差异不显著，且在悲伤情绪状态下，高创者和低创者在一致条件下的心率差异不显著，但高创者在不一致条件下的心率显著低于低创者。这表明积极情绪对高创者和低创者进行认知抑制时的心率影响不明显，但消极情绪对高创者和低创者进行认知抑制时的心率产生了影响。由于心率受交感神经和副交感神经系统的相互约束制衡，交感神经激活导致心率上升，副交感神经激活导致心率下降，因此，我们认为，这一结果表明消极情绪导致高创者在认知抑制时的副交感神经系统激活强度比低创者更大。神经内脏整合模型认为，前额皮层可以通过对皮层下结构实施抑制来减弱交感兴奋和增强迷走功能，以便个体在需要做出情绪反应的情境下能够更灵活有效地组织外周反应。如果前额叶的抑制调控能力减弱，不仅会引起心率增加，还会导致心率变异性下降，提示皮层下脑区存在交感神经功能的持续激活，以及迷走神经功能处于低下的状态（Thayer et al.，2000、2009；刘飞和蔡厚德，2010）。因此，根据神经内脏整合模型的解释，以及本实验的结果，我们认为，从生理指标来看，消极情绪还是促进了高创者的认知抑制能力，高创者在进行认知抑制任务（字色不一致加工）时可能由于前额叶的抑制能力增强，在此过程中出现心率降低，使其皮层下交感神经功能处于低下的状态。

研究还发现，积极情绪下高创者在完成字义命名任务和颜色命名任务时的心率皆显著高于低创者；而在消极情绪下高创者和低创者完成字义命名任务和颜色命名任务时的心率则无显著差异。结果表明，积极情绪增强了高创者完成认知抑制任务过程中的交感神经激活。这提示我们，积极情绪导致高创者的皮层及皮层下多层次中枢神经网络可能处于抑制减弱的状态，并调控外周自主神经机制，导致心率增加。

五、小结

在本实验条件下，可以得出如下结论：①情绪不影响字义命名任务中高创者和低创者的认知抑制能力。②情绪影响颜色命名任务中高创者和低创者的认知抑制能力。积极情绪导致高创者的认知抑制能力比低创者更高，消极情绪下高创者和低创者的认知抑制能力无明显差异。③生理指标结果反映出消极情绪可能导致高创者的前额叶抑制能力增强，从而导致心率降低。

第二节　语境对高和低创造性思维水平者阅读抑制影响的眼动研究

一、问题提出

抑制是一种重要的认知加工机制，对知觉、注意、记忆、语言理解等认知活动具有重要的调节作用。阅读过程中的抑制机制问题成为近年来学者关注的重点。

阅读过程的抑制研究主要涉及抑制外部干扰、抑制词汇歧义（周治金、陈永明和杨丽霞等，2004；于泽、韩玉昌和任桂琴，2007）、抑制歧义句产生的歧义（于泽和韩玉昌，2011）、抑制句法歧义（张亚旭、舒华和张厚粲，2000）等多个方面，并且近 30 年来，越来越多的研究者开始关注在阅读理解过程中不同个体抑制效果的差异，主要集中在不同认知风格个体（李寿欣、徐增杰和陈慧媛，2010）、不同阅读理解能力者（杨丽霞、陈永明和周治金，2001）等方面。

此外，许多研究发现，语境在阅读理解的歧义抑制中起着重要作用。词汇歧义消解主要分为词汇通达阶段和后词汇整合阶段。主要存在多重通达模型、选择通达模型、重排序通达模型、顺序通达模型和语境敏感模型。这些模型都强调语境对词汇歧义抑制的影响，主要区别在于语境起作用的时间点不同（黄福荣和周治金，2012）。选择通达模型认为语境在前词汇早期加工阶段对歧义词的意义通达产生影响；多重通达模型认为语境的作用在后词汇整合阶段；而重排序通达模型、顺序通达模型和语境敏感模型则认为，语境和意义的相对频率共同影响词汇歧义抑制过程。陈慧媛（2010）发现，语境位置对不同认知风格的个体歧义句消解过程存在影响，在句子加工的早期阶段，语境位置对场独立者产生影响，在句子加工的晚期阶段，语境位置对场依存者产生影响。目前，关于语境对不同创造性思维水平者歧义句歧义抑制过程的影响，尚无研究进行探讨。

本研究采用眼动记录法，探讨不同语境位置对高创造性思维水平者和低创造性思维水平者歧义句歧义抑制的影响。

二、研究方法

（一）被试

参加实验的被试共 36 名，然而在眼动实验中，有 7 名被试由于阅读正确率低，其数据被删除。最后，参加实验的有效被试共 29 名。其中，高创造性思维水平被试 16 名，低创造性思维水平被试 13 名。这些被试年龄在 18～20 岁，两组被试的平均年龄均为 19.2 岁，母语均为汉语，视力或矫正视力正常。

所有被试都不知道该实验的目的。由此获得的高和低创造性思维水平组被试的创造性思维总分的平均分如下：$M_{高}$=321.50，SD=61.60；$M_{低}$=132.23，SD=27.11，对两组被试的创造性思维得分进行独立样本 t 检验，两组被试的创造性思维得分差异显著[t（27）=10.273，$P<0.001$]，且高创造性思维水平组的得分显著高于低创造性思维水平组的得分。

对高创造性思维水平者和低创造性思维水平者的智力原始分（$M_{高}$=53.19，$M_{低}$=50.85）进行独立样本 t 检验，结果发现，两组差异不显著，$t_{原始分}$（27）=1.367，$P>0.05$。

（二）实验设计

实验设计为 2（创造性思维水平组别：高、低）×2（语境位置：前语境、后语境）×2（句子类型：歧义句、非歧义句）三因素混合设计。其中创造性思维水平组别为组间变量，语境位置和句子类型为组内变量。

（三）研究工具

同第四章第一节实验 1。

（四）实验材料

编制因词义不同而造成歧义的歧义句 24 句，并为其编制解歧信息，解歧信息分别放在歧义句前面和后面，两者之间用逗号隔开，形成前语境歧义句和后语境歧义句。另外，在歧义句的基础上稍微改动一下，使得句子歧义消解，并与前后语境匹配，形成前语境非歧义句和后语境非歧义句，共形成 24 集关键实验材料。逗号前面和后面的每个句子的长度控制在 7～11 个字。此外，编制 24 个填充句，其结构和长度与关键实验材料类似。实验材料采用组块（Block）设计，采用拉丁方格顺序对所有 24 集实验材料进行编码，然后将这 24 集实验材料分成 4 个组块，每个组块再加上 24 个填充句，因此每个组块的实验材料共 48 个句子。请不参加实验的 39 名本科生采用七点量表对实验句子进行通顺性评定，"1"代表非常不通顺，"7"代表非常通顺，结果显示 $M = 5.84$，$SD = 0.58$，表明所有实验句子都比较通顺。另外，给被试提供 6 个与实验材料结构和长度类似的句子作为练习材料，实验材料如表 5.6 所示。

表 5.6　实验材料举例

句子条件	实验材料
前语境歧义句	他给整块地翻了土，他终于可以点花生了
前语境非歧义句	他给整块地翻了土，他终于可以点种花生了
后语境歧义句	他终于可以点花生了，他给整块地翻了土
后语境非歧义句	他终于可以点种花生了，他给整块地翻了土

（五）实验仪器

采用 SR Research EyeLink 2000 眼动仪。该仪器采样率为 1000 赫兹。实验材料在 19 英寸的优派（View Sonic）显示器上呈现，分辨率为 1024×768。被试眼睛到屏幕的距离为 70 厘米。

（六）实验程序

实验采用个别施测。被试进入实验室后，坐在眼动仪前的椅子上，将下巴放在下巴托上，眼睛距离显示器屏幕 70 厘米，主试告知被试在实验过程中尽量保持头部不动的状态。主试对被试的右眼进行校准，保证被试眼动记录轨迹的精确性。眼睛校准好之后，主试向被试说明实验指导语，具体指导语如下："屏幕中央会呈现一些句子，请你按照正常速度来阅读这些句子，并试图理解这些句子的含义。若阅读完毕，请按'翻页键'，继续阅读下一个句子。有些句子读完之后还会有一个判断题目，若答案为'是'，请按手柄'左键'；若答案为'否'，请按手柄'右键'。明白之后，请按手柄'翻页键'继续。"

正式实验之前，向被试呈现 6 个练习句，让其熟悉实验流程。等被试熟悉实验流程之后，开始正式实验。实验大约持续 15 分钟。

（七）数据分析指标及兴趣区划分

整体分析的眼动指标包括：①第一遍阅读时间，又称凝视时间，指落在句子上的第一遍阅读加工中的所有注视点的注视时间之和，在较大区域的兴趣区的眼动研究中更多使用"第一遍阅读时间"这一名称；②总注视时间，指落在句子上的所有注视点的持续时间之和；③总注视次数，指落在句子上的所有注视点的个数（张仙峰、叶文玲，2006；闫国利、白学军，2010）。

局部分析指标如下：①首次注视时间，指被试第一次注视目标区域的时间；②首次注视次数，指首次加工中被试对该区域的注视次数之和；③第一遍阅读时间，指从首次注视该区域到注视点首次离开当前兴趣区之间的持续时间；④总注视时间，指落在目标区域上的所有注视点持续时间的总和；⑤总注视次数，指落在目标区域上所有注视点的个数。

为了比较高创者和低创者对不同语境位置的歧义句和非歧义句加工的差异，本实验以逗号为分隔点，在每个句子中划分了两个兴趣区，逗号及前面句子为兴趣区 1，逗号以后的句子为兴趣区 2，探讨语境位置对高创造性思维水平者和低创造性思维水平者阅读过程中歧义抑制的差异。兴趣区划分如图 5.2 所示。

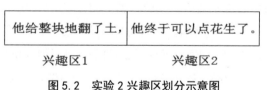

他给整块地翻了土，他终于可以点花生了。

兴趣区1　　　　　　　兴趣区2

图 5.2　实验 2 兴趣区划分示意图

三、研究结果

首先剔除无效被试的数据，删除答题正确率低于 70% 的被试，总共删除 7 名被试，其中高创造性思维水平被试 2 名、低创造性思维水平被试 5 名。然后进一步删除无效数据，删除标准同实验 5：①被试过早按键或错误按键导致句子呈现中断；②追踪丢失（实验中因被试头动等偶然因素导致眼动仪记录数据丢失）；③注视时间小于 80 毫秒或大于 1200 毫秒；④平均数大于或小于三个标准差。删除的数据占总数据的 11.80%。

29 名被试的阅读理解总正确率为 88%，其中高创造性思维水平被试的正确率为 88%、低创造性思维水平被试的正确率为 88%，两组被试的阅读理解正确率不存在显著差异，t（27）$= -0.013$，$P > 0.05$。

（一）整体分析结果

将整个句子作为分析单元，对高创者和低创者在前语境和后语境条件下歧义抑制效果的差异进行比较，实验设计为 2（创造性思维水平组别：高、低）×2（语境位置：前语境、后语境）×2（句子类型：歧义句、非歧义句），因变量为第一遍阅读时间、总注视时间和总注视次数，结果如表 5.7 所示。

表 5.7　高创者和低创者在不同语境位置条件下的眼动特征　　单位：毫秒，个

眼动指标	创造性思维水平	前语境		后语境	
		歧义句	非歧义句	歧义句	非歧义句
第一遍阅读时间	高创者	1675（697）	1784（766）	1689（546）	2035（861）
	低创者	2176（897）	2392（788）	2118（627）	2432（1079）
总注视时间	高创者	3415（1236）	2989（1156）	3173（1357）	3189（1299）
	低创者	4016（1894）	3762（1696）	3505（1351）	3722（1691）
总注视次数	高创者	13.67（4.24）	12.34（3.66）	13.18（4.71）	13.02（4.39）
	低创者	16.24（6.81）	15.46（6.10）	14.21（4.80）	15.76（5.89）

经过重复测量两因素的方差分析，结果如下。

1. 第一遍阅读时间

语境位置的主效应不显著，F（1, 27）$= 1.167$，$P > 0.05$；句子类型的主效应显著，F（1, 27）$= 9.434$，$P < 0.01$，$\eta_p^2 = 0.259$，被试对整个歧义句的第一遍阅读时间显著短于非歧义句；创造性思维水平组别的主效应达到边缘显著，F（1, 27）$= 3.236$，$P = 0.083 < 0.1$，$\eta_p^2 = 0.107$，高创者对所有句子的第一遍阅读时间显著短于低创造性思维水平者；语境位置与创造性思维水平组别的交互作用不显著，F（1, 27）$= 1.520$，$P > 0.05$；句子类型和创造性思维水平组别的交互作用不显著，F（1, 27）$= 0.055$，$P > 0.05$；语境位置和句子类型的交互作用不显著，F（1, 27）$= 1.365$，$P > 0.05$；语境位置、句子类型和创造性思维水平组别三者之间的交互作用不显著，F（1, 27）$= 0.237$，$P > 0.05$。

2. 总注视时间

语境位置的主效应不显著，F（1, 27）$= 1.612$，$P > 0.05$；句子类型的主效应不显著，F（1, 27）$= 1.153$，$P > 0.05$；创造性思维水平组别的主效应不

显著，$F(1, 27) = 1.232$，$P > 0.05$；语境位置与创造性思维水平组别的交互作用不显著，$F(1, 27) = 1.190$，$P > 0.05$；句子类型和创造性思维水平组别的交互作用不显著，$F(1, 27) = 0.803$，$P > 0.05$；语境位置和句子类型的交互作用达到边缘显著，$F(1, 27) = 2.943$，$P = 0.098 < 0.1$，$\eta_p^2 = 0.098$。进一步分析发现，当处于前语境条件下，对歧义句与非歧义句的总注视时间存在差异，达到边缘显著，$P < 0.1$（$P = 0.062$），被试对歧义句的总注视时间显著长于非歧义句；但是当处于后语境条件下，被试对歧义句与非歧义句的总注视时间无显著差异，$P > 0.05$。语境位置、句子类型和创造性思维水平组别三者之间的交互作用不显著，$F(1, 27) = 0.003$，$P > 0.05$。

3. 总注视次数

语境位置的主效应不显著，$F(1, 27) = 0.783$，$P > 0.05$；句子类型的主效应不显著，$F(1, 27) = 0.233$，$P > 0.05$；创造性思维水平组别的主效应不显著，$F(1, 27) = 1.836$，$P > 0.05$；语境位置与创造性思维水平组别的交互作用不显著，$F(1, 27) = 1.208$，$P > 0.05$；句子类型和创造性思维水平组别的交互作用不显著，$F(1, 27) = 2.324$，$P > 0.05$；语境位置和句子类型的交互作用达到边缘显著，$F(1, 27) = 3.413$，$P = 0.076 < 0.1$，$\eta_p^2 = 0.112$。进一步分析发现，当处于前语境条件下，被试对歧义句与非歧义句的总注视次数存在差异，达到边缘显著，$P = 0.098 < 0.1$，被试对歧义句的总注视次数显著长于非歧义句；但是当处于后语境条件下，被试对歧义句与非歧义句的总注视次数无显著差异，$P > 0.05$。语境位置、句子类型和创造性思维水平组别三者之间的交互作用不显著，$F(1, 27) = 0.377$，$P > 0.05$。

（二）局部分析结果

1. 高创者和低创者在兴趣区 1 上的眼动指标分析

对于兴趣区 1 来说，当处于前语境条件时，被试对兴趣区 1 的各项眼动指标是指被试对歧义句和相匹配的非歧义句的解歧区的注视时间和次数；当处于后语境条件时，被试对兴趣区 1 的各项眼动指标是指被试对歧义句和相匹配的非歧义句的注视时间和次数。

以创造性思维水平组别和句子类型为自变量，对高创造性思维水平者和低创造性思维水平者在兴趣区 1 上对歧义句和非歧义句的眼动注视指标进行统计分析，结果如表 5.8 所示。

表5.8　高创者和低创者在不同语境位置条件下兴趣区1上的眼动特征　单位：毫秒，个

眼动指标	创造性思维水平	前语境（解歧区）		后语境（歧义区）	
		歧义句	非歧义句	歧义句	非歧义句
首次注视时间	高创者	179（23）	185（21）	179（23）	178（35）
	低创者	184（28）	188（35）	189（28）	192（18）
首次注视次数	高创者	3.72（1.75）	3.55（1.51）	3.99（1.11）	5.04（2.42）
	低创者	4.52（1.60）	4.54（1.42）	4.94（1.82）	6.23（2.57）
第一遍阅读时间	高创者	797（463）	776（397）	830（326）	1136（709）
	低创者	1008（452）	1018（332）	1126（502）	1409（732）
总注视时间	高创者	1813（785）	1423（655）	1699（827）	1969（941）
	低创者	1969（1162）	1765（877）	1866（808）	2221（1248）
总注视次数	高创者	7.34（2.92）	6.15（2.26）	7.29（2.83）	8.25（3.35）
	低创者	8.17（3.95）	7.58（3.45）	7.84（2.84）	9.59（4.37）

经过重复测量两因素的方差分析，结果如下。

对于前语境条件，即句子的解歧区而言：

（1）首次注视时间

句子类型的主效应不显著，$F(1, 27)=0.950$，$P>0.05$；创造性思维水平组别的主效应不显著，$F(1, 27)=0.200$，$P>0.05$；句子类型和创造性思维水平组别的交互作用不显著，$F(1, 27)=0.030$，$P>0.05$。

（2）首次注视次数

句子类型的主效应不显著，$F(1, 27)=0.175$，$P>0.05$；创造性思维水平组别的主效应不显著，$F(1, 27)=2.549$，$P>0.05$；句子类型和创造性思维水平组别的交互作用不显著，$F(1, 27)=0.259$，$P>0.05$。

（3）第一遍阅读时间

句子类型的主效应不显著，$F(1, 27)=0.012$，$P>0.05$；创造性思维水平组别的主效应不显著，$F(1, 27)=2.413$，$P>0.05$；句子类型和创造性思维水平组别的交互作用不显著，$F(1, 27)=0.082$，$P>0.05$。

（4）总注视时间

句子类型的主效应显著，$F(1, 27)=6.077$，$P<0.05$，$\eta_p^2=0.184$，被试对歧义句的解歧区的总注视时间显著长于非歧义句；创造性思维水平组别的主效应不显著，$F(1, 27)=0.676$，$P>0.05$；句子类型和创造性思维水平

组别的交互作用不显著，$F(1, 27) = 0.593$，$P > 0.05$。

（5）总注视次数

句子类型的主效应显著，$F(1, 27) = 4.800$，$P < 0.05$，$\eta_p^2 = 0.151$，被试对歧义句的解歧区的总注视次数显著多于非歧义句；创造性思维水平组别的主效应不显著，$F(1, 27) = 0.983$，$P > 0.05$；句子类型和创造性思维水平组别的交互作用不显著，$F(1, 27) = 0.544$，$P > 0.05$。

对于后语境条件下的歧义句和非歧义句的阅读加工而言：

（1）首次注视时间

句子类型的主效应不显著，$F(1, 27) = 0.048$，$P > 0.05$；创造性思维水平组别的主效应不显著，$F(1, 27) = 2.127$，$P > 0.05$；句子类型和创造性思维水平组别的交互作用不显著，$F(1, 27) = 0.102$，$P > 0.05$。

（2）首次注视次数

句子类型的主效应显著，$F(1, 27) = 232.547$，$P < 0.001$，$\eta_p^2 = 0.896$，被试对歧义句的首次注视次数显著少于非歧义句；创造性思维水平组别的主效应不显著，$F(1, 27) = 2.605$，$P > 0.05$；句子类型和创造性思维水平组别的交互作用不显著，$F(1, 27) = 0.097$，$P > 0.05$。

（3）第一遍阅读时间

句子类型的主效应显著，$F(1, 27) = 138.355$，$P < 0.001$，$\eta_p^2 = 0.837$，被试对歧义句的第一遍阅读时间显著短于非歧义句；创造性思维水平组别的主效应不显著，$F(1, 27) = 2.210$，$P > 0.05$；句子类型和创造性思维水平组别的交互作用不显著，$F(1, 27) = 0.013$，$P > 0.05$。

（4）总注视时间

句子类型的主效应显著，$F(1, 27) = 4.366$，$P < 0.05$，$\eta_p^2 = 0.139$，被试对歧义句的总注视时间显著短于非歧义句；创造性思维水平组别的主效应不显著，$F(1, 27) = 0.412$，$P > 0.05$；句子类型和创造性思维水平组别的交互作用不显著，$F(1, 27) = 0.079$，$P > 0.05$。

（5）总注视次数

句子类型的主效应显著，$F(1, 27) = 7.362$，$P < 0.05$，$\eta_p^2 = 0.214$，被试对歧义句的总注视次数显著少于非歧义句；创造性思维水平组别的主效应不显著，$F(1, 27) = 0.670$，$P > 0.05$；句子类型和创造性思维水平组别的交互作用不显著，F（1，27）= 0.627，$P>0.05$。

2. 高创者和低创者在兴趣区 2 上的眼动指标分析

对于兴趣区 2 来说，当处于前语境条件时，被试对兴趣区 2 的各项眼动指标是指被试对歧义句和相匹配的非歧义句的注视时间和次数；当处于后语境条件时，被试对兴趣区 2 的各项眼动指标是指被试对歧义句和相匹配的非歧义句的解歧区的注视时间和次数。

以创造性思维水平组别和句子类型为自变量，对高创造性思维水平者和低创造性思维水平者在兴趣区 2 上对歧义句和非歧义句的眼动注视指标进行统计分析，结果如表 5.9 所示。

表 5.9　高创者和低创者在不同语境位置条件下兴趣区 2 上的眼动特征　单位：毫秒，个

眼动指标	创造性思维水平	前语境（歧义区）		后语境（解歧区）	
		歧义句	非歧义句	歧义句	非歧义句
首次注视时间	高创者	233（55）	244（65）	242（39）	245（59）
	低创者	233（57）	252（57）	237（48）	245（52）
首次注视次数	高创者	3.52（1.06）	4.09（1.38）	3.41（1.04）	3.51（0.78）
	低创者	4.79（1.55）	5.56（1.90）	3.89（1.07）	4.29（1.63）
第一遍阅读时间	高创者	878（322）	1008（442）	859（329）	899（278）
	低创者	1168（474）	1373（498）	992（296）	1023（453）
总注视时间	高创者	1602（547）	1565（600）	1474（702）	1220（477）
	低创者	2047（842）	1997（851）	1638（606）	1501（488）
总注视次数	高创者	6.33（1.79）	6.19（1.83）	5.89（2.38）	4.77（1.40）
	低创者	8.07（3.21）	7.88（2.76）	6.38（2.16）	6.17（1.73）

进行重复测量两因素的方差分析结果如下。

对于后语境条件下，即句子的解歧区而言：

（1）首次注视时间

句子类型的主效应不显著，F（1，27）= 0.343，$P>0.05$；创造性思维水平组别的主效应不显著，F（1，27）= 0.031，$P>0.05$；句子类型和创造性思维水平组别的交互作用不显著，F（1，27）= 0.077，$P>0.05$。

（2）首次注视次数

句子类型的主效应不显著，F（1，27）=1.708，$P>0.059$；创造性思维水平组别的主效应不显著，F（1，27）=2.768，$P>0.05$；句子类型和创造性思维水平组别的交互作用不显著，F（1，27）= 0.575，$P>0.05$。

（3）第一遍阅读时间

句子类型的主效应不显著，$F(1, 27) = 0.527$，$P > 0.05$；创造性思维水平组别的主效应不显著，$F(1, 27) = 1.191$，$P > 0.05$；句子类型和创造性思维水平组别的交互作用不显著，$F(1, 27) = 0.007$，$P > 0.05$。

（4）总注视时间

句子类型的主效应显著，$F(1, 27) = 8.412$，$P < 0.01$，$\eta_p^2 = 0.238$，被试对歧义句的解歧区的总注视时间显著长于非歧义句；创造性思维水平组别的主效应不显著，$F(1, 27) = 1.179$，$P > 0.05$；句子类型和创造性思维水平组别的交互作用不显著，$F(1, 27) = 0.758$，$P > 0.05$。

（5）总注视次数

句子类型的主效应显著，$F(1, 27) = 7.596$，$P < 0.05$，$\eta_p^2 = 0.220$，被试对歧义句的解歧区的总注视次数显著多于非歧义句；创造性思维水平组别的主效应不显著，$F(1, 27) = 1.878$，$P > 0.05$；句子类型和创造性思维水平组别的交互作用达到边缘显著，$F(1, 27) = 3.625$，$P = 0.068 < 0.1$，$\eta_p^2 = 0.118$。进一步分析发现，高创造性思维水平者和低创造性思维水平者对歧义句的解歧区的总注视次数无显著差异，$P > 0.05$，但是高创造性思维水平者对非歧义句的解歧区的总注视次数显著少于低创造性思维水平者。

对于前语境条件下的歧义句和非歧义句的阅读加工而言：

（1）首次注视时间

句子类型的主效应达到边缘显著，$F(1, 27) = 0.156$，$P = 0.087 < 0.1$，$\eta_p^2 = 0.105$，被试对歧义句的首次注视时间显著短于非歧义句；创造性思维水平组别的主效应不显著，$F(1, 27) = 0.039$，$P > 0.05$；句子类型和创造性思维水平组别的交互作用不显著，$F(1, 27) = 0.288$，$P > 0.05$。

（2）首次注视次数

句子类型的主效应显著，$F(1, 27) = 9.769$，$P < 0.01$，$\eta_p^2 = 0.266$，被试对歧义句的首次注视次数显著少于非歧义句；创造性思维水平组别的主效应显著，$F(1, 27) = 7.313$，$P < 0.05$，$\eta_p^2 = 0.213$，高创造性思维水平者对句子的首次注视次数显著少于低创造性思维水平者；句子类型和创造性思维水平组别的交互作用不显著，$F(1, 27) = 0.219$，$P > 0.05$。

（3）第一遍阅读时间

句子类型的主效应显著，$F(1, 27) = 12.855$，$P < 0.01$，$\eta_p^2 = 0.883$，被试对歧义句的第一遍阅读时间显著短于非歧义句；创造性思维水平组别的主

效应显著，F（1，27）= 4.465，$P<0.05$，$\eta_p^2 = 0.142$，高创造性思维水平者的第一遍阅读时间显著短于低创造性思维水平者；句子类型和创造性思维水平组别的交互作用不显著，F（1，27）= 0.671，$P>0.05$。

（4）总注视时间

句子类型的主效应不显著，F（1，27）= 0.193，$P>0.05$；创造性思维水平组别的主效应达到边缘显著，F（1，27）= 3.198，$P = 0.085<0.1$，$\eta_p^2 = 0.106$，高创造性思维水平者的总注视时间显著短于低创造性思维水平者；句子类型和创造性思维水平组别的交互作用不显著，F（1，27）= 0.005，$P>0.05$。

（5）总注视次数

句子类型的主效应不显著，F（1，27）= 0.197，$P>0.05$；创造性思维水平组别的主效应显著，F（1，27）= 4.324，$P<0.05$，$\eta_p^2 = 0.138$，高创造性思维水平者的总注视次数显著少于低创造性思维水平者；句子类型和创造性思维水平组别的交互作用不显著，F（1，27）= 0.005，$P>0.05$。

四、讨论

本实验为歧义句设置了前语境位置和后语境位置。结果发现，在前语境条件下，高创者在早期加工中表现出高于低创者的认知抑制能力；但在后语境条件下，高和低创者对歧义句的歧义抑制能力没有差异。这一结果与李寿欣等人（2013）探讨的语境位置对不同认知风格个体歧义句歧义消解影响的结果模式一致。他们发现，在歧义句理解的早期阶段，场独立个体能够更好地利用前语境信息抑制内部无关信息的干扰。结合本实验的具体情况，我们认为，前语境为阅读者提供了一种有效的思维定式，高创者在早期加工中有效地利用这种思维定式，迅速抑制了歧义句激活的与语境不相符的意义，而后高和低创者都进一步对语境与歧义句进行后期整合，两组被试在后期加工中花费的时间没有明显差异。高创者的认知抑制能力可能更容易受到外在因素的影响，语境在创造性思维和认知抑制的关系中可能也起着调节作用。

五、小结

语境在认知抑制与创造力的关系中起调节作用。在前语境条件下，高创者对歧义句歧义认知抑制的能力比低创者高；后语境条件下，高创者对非歧义句的解歧区的依赖程度比低创者低。

第六章 认知抑制与不同领域创造力的关系研究

以往对认知抑制与创造力关系的探讨主要集中于一般创造力方面，然而，创造力是一种多样化的结构，表现为不同的形式、领域和维度（Kaufman，2012）。创造力的领域性可能是认知抑制与创造力关系存在争论的重要影响因素。在领域创造力研究中，科学创造力和艺术创造力的差异是研究者关注的热点之一（Agnoli，Corazza 和 Runco，2016；Shi，Cao 和 Chen et al.，2017；Xue，Gu 和 Wu et al.，2018；衣新发和胡卫平，2013）。科学创造力是指个体在学习科学知识、解决科学问题和科学创造活动中表现出的创造力（胡卫平，2001）。艺术创造力是指所有个体解决艺术问题并产生新颖且和高度审美价值观念或产品的能力（Feist，1998；Zeki，2001）。

科学创造力和艺术创造力有共同起作用的脑区，如双侧前额皮层和枕颞皮质区域（Boccia，Piccardi 和 Palermo et al.，2015；Gonen-Yaacovi et al.，2013），但是这两种创造力也存在特异性的神经基础（Boccia et al.，2015）。例如，科学创造力与左额中回和左枕下回的区域灰质体积呈正相关，而艺术创造力与辅助运动区和前扣带回的区域灰质体积呈负相关（Shi et al.，2017）。这些结果也支持将创造力区分为科学创造力和艺术创造力分别探讨的观点，理解两者之间的差异对于科技和艺术创新人才培养具有重要意义。

研究表明，不同形式和领域的创造力与不同的思维风格和智力特征等相联系（Kaufman，2012）。也就是说，科学创造力和艺术创造力可能对认知抑制有着不同的需求。有研究发现，认知抑制与创造性科学问题提出呈正相关（胡卫平等，2015），高科学创造力个体的认知抑制能力比低科学创造力个体更强（白学军等，2014）。但是也有研究发现，认知抑制能力与艺术创造力呈负相关，可以显著地负向预测艺术创造力（程丽芳、胡卫平和贾小娟，2015）。以往研究结果发现，认知抑制与科学、艺术创造力存在相关性，但方向相反。

科学创造力由于遵循着一定的规则，更强调实用性和适宜性，而艺术创造力则更关注作品或产物的新颖性和独特性，对实用性关注较少（沈汪兵、刘昌、王永娟，2010）。本研究假设，低水平的认知抑制有利于艺术创造力的发挥。

艺术创造力主要涉及视觉艺术、文学、音乐和表演等子领域（Katrin 和 Beat，2016），本研究主要关注视觉艺术领域，采用粘贴画任务测量个体的艺术创造力，探讨认知抑制与艺术创造力的关系，并与科学创造力结果进行比较，了解何种抑制条件有助于艺术创造力的发挥，以为学校艺术教育课程的开设提供指导。

以往研究主要采用对认知抑制直接进行评估的方式，探究高创造力、精神分裂症及注意缺陷多动障碍等与认知抑制的相关关系（Batey 和 Furnham，2008；Carson，Peterson 和 Higgins，2003；Edl et al.，2014；Peterson，Smith 和 Carson，2002；White 和 Shah，2006），但该方式不能得出认知抑制对创造力作用的确定结论。因为抑制作为一种执行功能任务，需要损耗有限的认知资源。当个体在第一个对抑制冲突有较高要求的任务中进行了自我控制，则在第二个任务中他们自我控制的能力会降低（Hagger，Wood 和 Stiff et al.，2010；Person，Welsh 和 Reuter-lorenz，2007）。所以，在实验中，拟采用让个体长时间完成抑制冲突任务来消耗认知资源的方式，操纵其认知抑制水平，然后完成创造力任务，这样可以明确探讨认知抑制对创造力的影响。

本研究拟采用科学创造力测验来测量个体的科学创造力，为完善认知抑制与创造力关系的假说提供实证支持，了解何种抑制条件有助于科学创造力的发挥，并为学校科学教育课程的开设提供指导。

第一节　认知抑制对科学创造力的影响

一、实验目的

本实验通过安排不同难度的西蒙任务，消耗被试的认知资源，并通过侧抑制任务检验实验操纵变量的效果，探讨认知抑制对科学创造力的影响。

二、研究方法

（一）被试

本实验随机招募了 77 名全日制在校大学生，其中男生 41 名、女生 36 名，平均年龄为 20.76 岁。所有被试均为右利手，视力或矫正视力正常，以往从未参加过类似实验，实验后给予其丰厚的小礼物表示感谢。

（二）实验设计

实验设计为单因素被试间设计，自变量为认知抑制水平组别，分为高抑制水平组和低抑制水平组。高抑制水平组被试完成的西蒙任务中不一致试次占总试次的 10%，而低抑制水平组被试完成的西蒙任务中不一致试次占总试次的 70%。因变量指标为科学创造力测验总分及流畅性、灵活性、独创性三个子维度的得分。

（三）实验任务和测量的工具

使用联想 LS2023WC 台式电脑，液晶显示屏为 20 寸，屏幕比例 16：9，分辨率为 1600×900。用 E-Prime 1.0 编制实验程序。被试距离屏幕约 55 厘米，在实验室里单独参加测试。屏幕背景为黑色。

西蒙任务（Simon，1990）和侧抑制任务（Eriksen，1974）是抑制的经典研究范式，为测量认知控制提供了可靠指标（Van Den Wildenber，Wyllie 和 Forstmann et al.，2010）。西蒙任务的实验刺激为直径 2.70 厘米的颜色圆圈，目标刺激呈现在屏幕中心点的左边或者右边，距离屏幕中点 7.70 厘米，颜色是红色和绿色。颜色圆圈的视角为 2.81°×2.81°。侧抑制任务的实验刺激为三个箭头，每个箭头长 2.80 厘米，中间箭头的中心位于屏幕中点，左边和右边箭头的中心距离屏幕中点 3.30 厘米。箭头颜色为蓝色。正式实验阶段的刺激呈现的位置和大小与练习阶段中呈现的相同。

采用胡卫平（2002）编制的"青少年科学创造力测验"测量个体的科学创造力。测验共包括 7 道题目，主要考察科学创造力的 7 个方面：①物体应用能力；②科学问题提出能力；③产品改进能力；④科学想象能力；⑤问题解决能力；⑥实验设计能力；⑦产品设计能力。其中，科学想象能力是科学创造力的核心成分。该测验的 Cronbach'α 系数为 0.893，各个项目的评分者信度在 0.79～0.91，重测信度在 0.75～0.91。测验用时 60 分钟。从流畅性、灵活性和独创性三个维度进行评分。流畅性指答题者想出答案的个数，每个记 1 分；灵活性指答题者针对该题目所想出的方法的种类数，每个类别记 1

分；独创性是指答题者所想出的答案的独特性或独一无二性，计算方法为该答案占该题所有答案的比例，比例越小，独特性越高，依据测验常模的记分标准分别记 0 分、1 分、2 分、3 分和 4 分。由两名接受训练的本科生独立完成评分。科学创造力 7 个方面总分的评分者一致性信度为 0.99。

（四）实验程序

实验分为两个部分：第一部分为抑制资源损耗操纵阶段，第二部分为科学创造力测验阶段。

练习阶段：侧抑制任务训练。被试需要满足反应足够快（平均反应时小于 700 毫秒）和准确性高（超过 80% 的正确率）（Radel et al., 2015），否则将继续练习直至符合所有标准。然后被试练习西蒙任务，共 100 个试次（包括 30% 的不一致次数），对此任务没有特定标准，主试确保被试理解指导语即可。

正式实验：首先，被试进行侧抑制任务，共 100 个试次，一致条件（中间箭头与两侧箭头方向相同）与不一致条件（中间箭头与两侧箭头方向相反）各占 50%。屏幕中央呈现红色注视点"+"800 毫秒，然后呈现目标刺激三个箭头，持续时间为 1500 毫秒，要求被试仅关注中间箭头的方向，并忽略两侧的箭头，尽可能进行快速且准确的按键反应，反应后刺激消失。如果中间的箭头向左，则按"←"键，如果中间的箭头向右，则按"→"键，具体实验程序见图 6.1。

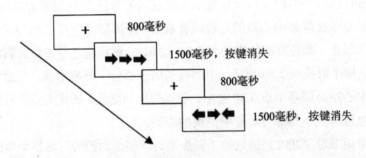

图 6.1　侧抑制任务实验程序图

接着，被试休息 1 分钟后，开始西蒙任务。屏幕中央呈现红色注视点"+"800 毫秒，随后，屏幕的左边或右边出现颜色圆圈，持续时间为 1500 毫秒，要求被试尽可能快速且准确地做出反应，反应后刺激消失。如果圆圈为红色，用左手食指按下"←"键；圆圈为绿色，用右手食指按下"→"键。共 1500 个试次，分为三个组块，每个组块包括 500 个试次（每个组块中不一致条件的比例一致），随机呈现，被试每完成一个组块休息 1 分钟。当圆圈呈现方位与按键方位相同则视为一致条件，反之，则视为不一致条件。圆圈颜色与按键方位的关系在被试间平衡，具体实验程序见图 6.2。

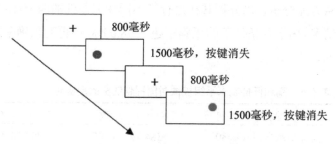

图 6.2 西蒙任务实验程序图

西蒙任务完成后，要求被试马上对自己的疲劳程度进行评估，其疲劳程度从 0~100 递增，然后被试休息 1 分钟后再次完成侧抑制任务。最后，两组被试完成科学创造力测验。整个实验流程如图 6.3 所示。

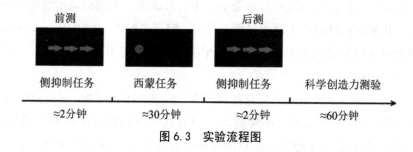

图 6.3 实验流程图

（五）数据处理

使用 SPSS17.0 进行统计分析。删除错误反应数据及平均数三个标准差之外的数据，删除数据占总数据的 2.21%。

三、结果

（一）高和低抑制水平组被试疲劳程度的评定结果

对高和低抑制水平组被试疲劳程度的主观评定得分进行独立样本 t 检验，结果发现高抑制水平组（$M = 63.68$，$SD = 20.72$）和低抑制水平组被试（$M = 63.59$，$SD = 24.33$）在完成西蒙任务后的疲劳程度差异不显著，$t(75) = 0.02$，$P > 0.05$，说明两组被试的疲劳程度无明显差异。

（二）高和低抑制水平组被试在前测和后测时抑制的反应时

对高和低抑制水平组被试的反应时进行 2（时间：前测、后测）×2（一致性：一致、不一致）×2（抑制水平组别：高抑制水平组、低抑制水平组）的重复测量方差分析，以分析其在进行了不同冲突条件的西蒙任务后抑制的前后变化情况。由于各条件下的正确率超过 98.00%，不再对正确率进行分析，结果见表 6.1。

表 6.1　高和低抑制水平组被试对侧抑制任务的反应时　　　　单位：毫秒

时间	抑制水平组别	一致	不一致
前测	高抑制水平组（n=39）	384.99（54.05）	398.08（53.48）
	低抑制水平组（n=38）	368.63（41.50）	376.01（44.17）
后测	高抑制水平组（n=39）	390.14（43.07）	398.05（48.85）
	低抑制水平组（n=38）	388.48（58.00）	406.34（46.81）

实验结果发现，一致性的主效应显著，$F_{(1, 75)}=14.02$，$P<0.001$，$\eta_p^2=0.16$，一致试次的反应时显著小于不一致试次，表明被试出现明显的侧抑制干扰效应；时间的主效应显著，$F_{(1, 75)}=12.45$，$P<0.01$，$\eta_p^2=0.14$，后测的反应时显著大于前测；抑制水平组别的主效应不显著，$F_{(1, 75)}=0.22$，$P>0.05$。

时间与抑制水平组别的交互作用显著，$F_{(1, 75)}=8.26$，$P<0.01$，$\eta_p^2=0.10$。简单效应分析发现，高抑制水平组被试前后测的反应时差异不显著，$P>0.05$；低抑制水平组被试的后测反应时显著大于前测，$P<0.05$，表明认知抑制水平降低导致被试的反应变慢；一致性和抑制水平组别的交互作用不显著，$F_{(1, 75)}=0.12$，$P>0.05$；时间和一致性的交互作用不显著，$F_{(1, 75)}=0.19$，$P>0.05$；时间、一致性和抑制水平组别三者的交互作用不显著，$F_{(1, 75)}=1.61$，$P>0.05$。

（三）高和低抑制水平组被试在科学创造力测验中的差异

高和低抑制水平组被试的科学创造力测验各维度得分及总分如表 6.2 所示。

表 6.2　高和低抑制水平组被试科学创造力测验各维度得分及总分情况　　　　单位：分

抑制水平组别	流畅性	灵活性	独创性	总分
高抑制水平组（n=39）	29.85（8.32）	17.59（5.49）	26.36（8.47）	73.79（16.25）
低抑制水平组（n=38）	25.32（8.99）	14.92（5.86）	28.11（10.93）	68.34（22.46）

采用独立样本 t 检验，结果发现，两组被试的流畅性分数差异显著，$t（75）=2.30$，$P<0.05$，$d=0.52$，高抑制水平组被试的流畅性分数显著高于低抑制水平组；两组被试的灵活性分数差异显著，$t（75）=2.06$，$P<0.05$，$d=0.47$，高抑制水平组被试的灵活性分数显著高于低抑制水平组；两组被试的独创性分数差异不显著，$P>0.05$；两组被试的总分差异不显著，$t（75）=1.22$，$P>0.05$。这表明高认知抑制有利于科学创造力的发挥，表现为提高了科学创造思维的流畅性和灵活性。

四、讨论

实验 1 发现，不一致条件下的反应时高于一致条件下，表现出明显的侧抑制干扰效应。高抑制水平组前测和后测的反应时差异不显著，而低抑制水平组后测的反应时大于前测。这可能是由于相比高抑制水平组被试，低抑制水平组被试在西蒙任务中经历了较多的不一致试次，大大消耗了个体的认知资源，使个体处于较低的抑制水平，导致其在后测时反应变慢。这表明，通过安排被试完成不同难度的西蒙任务来操纵其认知抑制水平，结果有效。

实验结果发现，高抑制水平组被试的流畅性和灵活性得分显著高于低抑制水平组，这与前人的研究结果是一致的（胡卫平等，2015），可能与高认知抑制水平个体所具有的认知风格和抑制干扰能力有关。研究发现，认知抑制能力高的个体具有更强的场独立倾向，因此他们在开放性情境中的问题提出表现更好。尽管认知去抑制状态有利于产生大量想法，但科学创造力更强调适宜性，个体同时还需要从大量想法中选择适宜信息，该过程更需要认知抑制的参与，因此，高认知抑制水平有利于科学创造力的发挥。

第二节　认知抑制对艺术创造力的影响

一、实验目的

本实验通过安排不同难度的西蒙任务，消耗被试的认知资源，并通过侧抑制任务检验实验操纵变量的效果，探讨认知抑制对艺术创造力的影响。

二、研究方法

（一）被试

实验另随机招募 81 名大学生，其中男生 36 人、女生 45 人，平均年龄为 20.58 岁。81 人均未参加过实验 1。其他同实验 1。

（二）实验设计

实验设计为单因素被试间设计，自变量为认知抑制水平组别，分为高抑制水平组和低抑制水平组。因变量为粘贴画任务总分及 7 个分维度得分。

（三）实验任务和测量工具

实验仪器同本章实验 1。抑制任务同本章实验 1。

选取制作粘贴画任务来测量个体的艺术创造力（Amabile，1982）。实验材料是 60 张大小、颜色和形状都不同的彩纸，共五种颜色：红色、粉色、绿色、蓝色、黄色，四种边长：4 厘米、3 厘米、2 厘米和 1 厘米，三种形状：正方形、正三角形、圆形。在测试期间，要求被试在一张 A3 白纸上完成一幅粘贴画，限时 15 分钟。被试可从快乐、悲伤、愤怒、恐惧四种情绪中选择一种感兴趣的情绪主题，然后围绕这个主题制作一幅粘贴画来表达这种情绪，并在 A3 纸背面写下对自己作品的描述。

选取 3 名接受培训的心理学专业学生进行评分。每位评分者在评分之前都看一遍所有的作品，并采用作品间相互比较的方式来评价作品，而不是与某种客观标准相比较。参照前人研究（Niu 和 Sternberg，2001；衣新发等，2011），评分者在李克特 7 点量表上从以下 7 个维度给每幅作品评分：①创造程度（该作品的创造性程度）；②可爱程度（喜欢该作品的程度）；③想象水平（想象力丰富程度）；④艺术水平（作品的艺术性）；⑤精进程度（作品对于细节的完善程度）；⑥沟通传播（描述作品语言内容的水平）；⑦综合印象（该作品的综合评价）。最高为 7 分，最低为 1 分。3 名评分者的评分者一致性信度为 0.80，表明评分者信度是合适的。粘贴画任务的总分和每个维度的得分均取 3 名评分者评分的平均数。

（四）实验程序

实验程序同本章实验 1，区别在于本实验在完成认知抑制任务后还进行粘贴画任务，粘贴画任务大约需要 20 分钟。

（五）数据处理

使用 SPSS17.0 进行统计分析。删除错误反应数据及平均数 3 个标准差之外的数据，删除数据占总数据的 2.24%。

三、结果

（一）高和低抑制水平组被试疲劳程度的评定结果

对高和低抑制水平组被试的疲劳程度主观评定进行独立样本 t 检验，结果发现，高抑制水平组（M=66.38，SD=17.97）和低抑制水平组（M=67.32，SD=17.32）的疲劳评定分数无显著差异，t（79）=-0.24，P＞0.05，说明两组被试的疲劳程度无明显差异。

（二）高和低抑制水平组被试在前测和后测时抑制的反应时

各条件下的正确率超过 98.00%，仅对反应时进行分析。对高和低抑制水平组被试的反应时进行 2（时间：前测、后测）×2（一致性：一致、不一致）×2（抑制水平组别：高抑制水平组、低抑制水平组）的重复测量方差分析，以分析其在进行了不同冲突条件的西蒙任务后抑制的前后变化情况，结果见表 6.3。

表 6.3　高和低抑制水平组被试对侧抑制任务的反应时　　　　　单位：毫秒

时间	抑制水平组别	一致	不一致
前测	高抑制水平（n=40）	391.87（35.42）	402.26（40.12）
	低抑制水平（n=41）	394.36（34.87）	399.98（34.93）
后测	高抑制水平（n=40）	384.80（36.85）	393.90（43.53）
	低抑制水平（n=41）	406.35（37.30）	414.97（44.02）

实验结果发现：一致性的主效应显著，F（1，79）=29.86，P＜0.001，η_p^2=0.27，一致试次的反应时显著小于不一致试次，表现出明显的侧抑制干扰效应；时间的主效应不显著，F（1，79）=0.79，P＞0.05；抑制水平组别的主效应不显著，F（1，79）=1.95，P＞0.05。

时间与抑制水平组别的交互效应显著，F（1，79）=10.61，P＜0.05，η_p^2=0.12。进一步分析发现，高抑制水平组前后测的反应时差异不显著，P＞0.05；而低抑制水平组后测的反应时显著长于前测的反应时，P＜0.05；一致性和抑制水平组别的交互作用不显著，F（1，79）=0.72，P＞0.05；时间和一致性的交互作用不显著，F（1，79）=0.12，P＞0.05；时间、一致性和抑制水平组别三者的交互作用显著，F（1，79）=0.78，P＞0.05。

（三）高和低抑制水平组被试在艺术创造力上的差异

将高抑制水平组被试（$n=40$）和低抑制水平组被试（$n=41$）粘贴画任务分数进行独立样本 t 检验，结果见图 6.4。

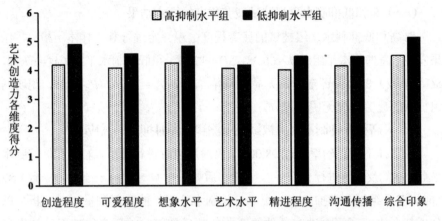

图 6.4 高和低抑制水平组被试的艺术创造力各维度得分

采用独立样本 t 检验进行分析，结果发现，两组被试的总分差异显著，t（79）＝2.33，$P<0.05$，$d=0.52$，低抑制水平组被试的艺术创造力总分（$M_低=33.00$，$SD_低=5.60$）显著高于高抑制水平组被试（$M_高=29.73$，$SD_低=6.97$）；两组被试的创造程度得分差异显著，t（79）＝2.50，$P<0.05$，$d=0.55$，低抑制水平组被试的创造程度得分显著高于高抑制水平组；两组被试的可爱程度得分差异显著，t（79）＝2.09，$P<0.05$，$d=0.46$，低抑制水平组被试的可爱程度得分显著高于高抑制水平组被试；两组被试的综合印象得分差异显著，t（79）＝2.50，$P<0.05$，$d=0.55$，低抑制水平组被试的综合印象得分显著高于高抑制水平组被试；其他效应均不显著，$P_s>0.05$。

四、讨论

在抑制任务上，实验 2 也发现了明显的侧抑制干扰效应及低抑制水平组被试在后测时反应时较前测显著上升，同实验 1 结果一致。上述结果表明，实验 2 中对高和低抑制水平组被试的操纵也是有效的。

在粘贴画任务上，低抑制水平组被试在艺术作品的创造程度、可爱程度、综合印象维度得分及总分显著高于高抑制水平组被试。这与芬克等（2012）的研究结论相符，他们的研究认为，认知去抑制有利于思维的独创性，但对实用性没有影响。处于较低抑制状态的个体，思维处于灵活不受束缚的状态，概念之间联系较松散，一个概念激活会扩散至周围大量的概念，有助于提高思维的独创性（Fink et al.，2012），而认知抑制水平较高的被试过早抑制无关信息，可能在一定程度上阻碍艺术创作的创造性和想象力。同时，艺术创作也是艺术工作者情感表达的过程，低认知抑制有利于其创造出非凡的艺术作品，因此他们更喜爱自己创造的艺术作品。

五、讨论

实验结果发现，高和低抑制水平组被试在不一致条件下具有较长的反应时，即两组被试均表现出侧抑制干扰效应。高抑制水平组在前测和后测时的反应时差异不显著，表明该组被试的认知资源损耗不明显；低抑制水平组被试后测时的反应时明显长于前测，表明该组被试的认知资源消耗明显，这与拉德尔等（2015）的研究结果一致。该研究发现，由于低抑制水平组被试在西蒙冲突任务中发生了更多的不一致试次，这需要被试调用更多的认知资源来应对，因此它会损耗大量的抑制资源，使个体处于较低的抑制水平，从而在随后的侧抑制任务中反应变慢，即认知抑制水平下降。因此，本研究结果表明，两个实验中对被试高低认知抑制水平的操纵是有效的。

从认知抑制对创造力影响的结果来看，高抑制水平被试的科学创造力总分高于低抑制水平被试，这与程丽芳（2015）的研究结果一致。该研究通过科学创造力测验将被试分为高科学创造力组和低科学创造力组，并发现高科学创造组被试在认知抑制任务中的表现更好，这一结果也与以往关于认知抑制与一般创造力（Benedek et al.，2014b；Edl et al.，2014；Benedek et al.，2012；Zabelina et al.，2012；白学军等，2018；Storm 和 Patel，2014；张克等，2017）、科学创造力（白学军等，2014；胡卫平等，2015）相关性的研究结论是一致的。相比低抑制水平组，高抑制水平组被试在冲突任务中遇到较少的不一致试次，被试用于抑制的认知资源消耗较少，因此其认知抑制水平较高，更可能关注与任务相关的当前信息并抑制不相关的干扰信息，思维快速严谨，有利于他们更好地适应科学创造活动。

研究还表明，认知抑制能够提高科学创造力，主要表现在促进思维的流畅性和灵活性上。上述结论与拉德尔等（2015）的研究结论不一致，他们认为，认知去抑制能够提高个体在发散思维任务中的流畅性和独创性。两项研究的结论不同可能是因为科学创造力和发散思维能力有差异。科学创造力的主要特征是追求科学性和实用性，不仅要求个体具有发散思维，还要求个体具有一定的聚合思维，从不同的角度和方向聚集，并专注于一个焦点来解决（特定的）科学问题。例如，有研究以顿悟问题测量聚合思维能力，发现聚合思维能力能够预测个体的科学创造性成就（Agnoli，Corazza 和 Runco，2016）。当然，个体真正取得的科学创造性成就并不只受聚合思维能力的预测，而是受聚合思维能力和个性倾向的复杂交互作用影响（Agnoli et al.，2016）。科学创造过程要求被试专注于与任务相关的当前信息，抑制干扰信息，并从大量信息中选择适当的方法，这些都需要被试具有较高的认知抑制水平，因此，高认知抑制水平可以提高科学创造过程中的思维流畅性。具有高度科学创造力的个体倾向于深入思考、想象及自我批判，可能具有更强的语义理解和逻辑推理能力，所以他们产生的观点更具有灵活性（Shi et al.，2017）。

此外，高和低认知抑制组被试的艺术创造力测验总分存在显著差异，低认知抑制组被试的艺术创造力显著高于高认知抑制组。上述结论与胡卫平等人（2015）的结论相符，该研究认为，高艺术创造力个体表现出认知去抑制的特点，在离焦注意模式下，很难完成对无关信息的抑制。凯特琳和贝亚特（2016）的研究表明，视觉艺术领域的创造力与图形和言语发散思维能力呈显著正相关，而与聚合思维无关，这一结果揭示了艺术创造力的特点，也就是说，视觉艺术领域的创造力主要是一种与个体发散思维能力相关性较大的创造力，个体在艺术创作时需要尽可能地进行思维发散，想出更多新颖的观点或设计方法，而较少需要聚合思维的参与，不需要个体进行较强的认知控制。凯特琳和贝亚特（Katrin 和 Beat，2016）的研究还发现，视觉艺术领域的创造力与注意力水平呈显著负相关，即个体的注意力水平越低，或者说个体处于一种离焦的注意状态，个体在视觉艺术领域的创造力可能越高。因此，这进一步为本研究结果提供了支持，即低认知抑制有利于艺术创造力的发挥。而且，其他研究也发现，艺术创造成就与发散思维能力高度相关（Agnoli，Corazza 和 Runco，2016），发散思维的流畅性与低执行抑制相关（Radel et al.，2015）。总而言之，这些结果表明，视觉领域的艺术创造力与发散思维能力相关，与低抑制水平相关。高抑制水平被试能够有效地选择新颖的和适当的信息加入工作记忆，抑制外部无关信息的干扰，这对艺术创造是有利的，但是如果抑制外部潜在有用的信息，过早抑制思维的发散，影响了个体想象力的发挥，则不利于艺术创造活动。

对高低认知抑制水平组被试在艺术创造力的七个维度上的差异分析发现，只有创造程度、可爱程度和综合印象维度的差异是显著的。低抑制水平组被试的创造程度、可爱程度和综合印象优于高抑制水平组。低抑制状态下，大量无关的较远距离的概念进入工作记忆，伴随着概念扩散，可以有效提高其思维的流畅性和独创性。此外，张伯伦等（2017）的研究发现，艺术类学生在侧抑制任务中的表现比非艺术类学生差，艺术创造技能的鲜明特征是知觉灵活性增强，并伴随着认知抑制的减少。张伯伦等（Chamberlain et al.，2015）的研究表明，绘画技能主要由增强的视觉注意力提供支持，不是单一的局部注意加工增强，而是整体加工能力增强，且在知觉转换上更灵活。因此，在低抑制水平下，个体的知觉灵活性较强，有利于艺术创造。艺术作品是主体审美心理的外化，低认知抑制水平对创作者的约束较少，有利于其宣泄情感、表露态度，因此创作者更喜爱自己创作的作品，对其综合印象也更好。本研究没有发现认知抑制对其他维度的显著作用，这一结论与程丽芳等（2015）的研究结论不符。程丽芳等研究发现，认知抑制对沟通传播维度有显著负向预测作用，认为低认知抑制个体的自我表达能力可能更强。然而，对美术专业学生认知风格的研究发现，他们最重要的专业技巧是客体想象，而不是空间想象和语言加工（Pérez-Fabello，Campos 和 Campos-Juanatey，2016），这可能说明，高艺术创造力的个体并不擅长对作品进行语言描述和加工。

综上所述，认知抑制对科学创造力和艺术创造力的作用存在分离效应，这与科学创造力和艺术创造力的不同特点有关。科学创造力需要个体具备高度严谨的逻辑思维，强调聚合思维和发散思维的共同作用，因其首先要求科学性，所以个体必须遵守规则，专注于科学发明活动，兼顾独创性和适宜性，个体要具有较高的认知抑制能力；而艺术创造过程更多地将个体的情感表达融合于作品中，更强调作品的新颖性和独创性，较少关注实用性，较低的抑制控制有利于思维发散和想象发挥，从而提高艺术创造力。本研究也存在一些不足。首先，对艺术创造力的讨论仅涉及视觉艺术领域。研究表明，艺术专业也存在领域特异性，例如，音乐训练能够促进执行功能，但视觉艺术训练不能（Moreno，Wodniecka 和 Tays et al.，2014）。因此，其他子领域的艺术创造力与认知抑制的关系还有待进一步研究。其次，研究中使用的侧抑制任务为被动抑制任务，任务简单且为非言语任务，未来研究可以采用主动抑制范式等更广泛的抑制任务。最后，本研究仅从行为学层面探讨了认知抑制对领域创造力的影响，未来研究可同时结合脑电（EEG）和功能性核磁共振（fMRI）等神经科学技术深入探讨其神经生理机制。

六、小结

高抑制水平有利于个体提升在科学创造力测验中的总体表现，提高个体的流畅性和独创性。低抑制水平有利于个体提升在艺术创造力测验中的总体表现，提高个体在表达艺术作品时的创造性和综合印象程度。这表明认知抑制水平对科学创造力和艺术创造力的影响存在分离效应。

第七章　认知抑制与顿悟问题解决

第一节　顿悟问题解决概述

一、顿悟和顿悟问题解决

（一）顿悟的含义

在日常生活中，我们有时会遇到一些难题，这些难题常常让我们百思不得其解。但有时我们会灵光一现，突然就能找到解决这个难题的方法和技巧，难题也随之迎刃而解。在回顾解决难题的过程中，我们往往会产生"哦，原来是这样"的想法。从"百思不得其解"到"灵光乍现"地解决问题的过程，被称为"顿悟"。有研究者将创造性智力分为四个维度，分别是假设检验、顿悟思维、创新设计和批判思维（徐展、张庆林和Sternberg，2004），其中顿悟思维就是创造性思维的一个重要的心理基础。

19世纪末，美国心理学家桑代克通过"猫开迷箱"的实验对学习过程进行了研究。在实验中，他将一只饥饿的猫关在了精心设计的实验迷箱里，他发现猫经过多次尝试学会了操纵机关，从而打开笼门获得食物。于是，他提出了著名的"尝试-错误假说"（"试误说"），认为学习的本质是机体通过将盲目的尝试与错误的渐进过程中偶然获得的积极结果在记忆中保留下来，从而接近对事物的正确认识并最终成功掌握问题的解决方式（Thorndike，1898）。与桑代克的"尝试-错误假说"相反，德国格式塔学派的心理学家苛勒（Kohler）对黑猩猩做了一系列的实验，证明了黑猩猩的学习是一种顿悟过程。苛勒关于黑猩猩解决难题过程的研究发现，黑猩猩在初步的问题解决尝试失败（如拿不到远处的香蕉）之后会表现出进入了"思维僵局"的特点，随后，在某个瞬间突然表现出"顿悟"的神情，并且找到了有效的解决方法（如将两根棒子连接在一起，从而取到远处的香蕉）（Kohler，1917）。

黑猩猩的这种问题解决过程具有在一瞬间突然发生并直接指向问题解决的最终目标状态的特点，明显与"尝试-错误假说"的逐渐接近正确有效行为的预期相反，并且一旦获得就不会再忘记（Kohler，2003）。由此可见，顿悟的行为学特征有 3 个，分别是突发性、直指性（顿悟直接指向目标）、持续性。动物一旦获得顿悟，就不会像桑代克的猫那样，第二次被关到笼子里又会犯原来的错误并需要进行多次尝试，而是遇到类似问题时不再犹豫，立即就可以解决。

早期的格式塔学派认为，顿悟是产生式思维的典型，要求思维主体打破并超越事物之间的固有联系。具体来说，顿悟是个体经过酝酿，突然领悟当前问题的情景，从而对问题情景的结构进行重组，达到新的目标和手段之间的完形的过程。顿悟包含了一种特殊的加工过程，不同于常规的、线性信息加工过程。这种特殊过程可能在以下情况下发生（Wertheimer，1959）：①思维的无意识跳跃；②心理加工的加快；③正常推理加工过程中产生某种类型的短路。

在研究者们对顿悟问题的判断标准方面，西蒙（Simon，1995）认为，顿悟是一种通过理解而洞察问题情景的能力或行为，在他的观点中，顿悟具有如下特征：①个体在顿悟前会有一段问题解决失败或完全无法解决的过程，同时由此产生一定的挫折感；②在个体顿悟过程中，突然出现的可能是问题解决方案，也可能是问题解决方案即将出现的意识或感觉；③顿悟通常与一种新的、未尝试过的问题表征或解决方式有关；④有时在顿悟前会有一段"潜伏期"，在此期间，个体不曾有意识地注意到这个问题。研究者认为上述 4 种特征可以作为顿悟的操作性定义。在具体解释顿悟的机制时，他强调以下两个方面：一是问题解决过程中新的问题表征方式的形成；二是顿悟前的"潜伏"对问题解决的影响。

尚克尔（Shanker，1995）提出了一种顿悟过程中无意识的孵化理论。在孵化过程中，隐蔽的心理过程会找出与解决方案达成有关或不寻常的线索，然后无意识地将这些想法随机组合在一起。解决方案可能会在这些心理过程中出现。一些研究找到了这一理论的支持，而其他研究发现孵化没有影响。而奥尔森（Ohlsson，1992）认为，顿悟是个体在心理向前看的视野之内，搜索过程达到了目标，而"重建"其实是心理表征的一种变化，它影响着搜索过程。他认为，顿悟问题解决过程中最为关键的一环是问题表征的重构。有研究者认为，顿悟问题的解决具有三个明显的特征：①个体在解决顿悟问题的过程中，并不需要任何特殊的认知技能；②在个体解决问题的过程中，通常会遇到一个极其明显的阻碍过程；③一旦个体将遇到的阻碍打破，问题会十分顺利地得到解决，同时人们会产生一种伴随情感释放的"啊哈"的体验（Schooler，1993）。

我国研究者张庆林（1989）认为，顿悟的发生不是一次就能成功的，而是由于个体在问题空间的搜索过程中突然获得了关键性的启发信息，从试误法转向了更有效的启发式搜索法。随后张庆林等（1996）在研究中指出，顿悟的加工阶段从"铺试问题空间"转变为"元水平的问题空间"，个体在问题空间的搜索过程中指出，获得的信息从混乱向有序进行了转变。因此，问题解决者只有善于审视自己的目标，频繁考虑是否有改变目标的必要，才能促进顿悟的出现，并做出正确的判断。

此外，顿悟更多地发生在结构不良问题的理解与解决过程中，因为这些问题没有对良好的问题空间进行定义，问题解决者较难建立起合适的心理表征来构建问题解决的模型，因此在建立问题解决计划，以确定一系列步骤来使问题得以最终解决方面存在困难（钱文等，2001）。但顿悟在某些常规的、结构良好的问题解决中可能也会出现。

（二）经典顿悟问题

个人顿悟体验是非常特殊的，一个人产生"顿悟"的问题可能是另一个人司空见惯的任务。例如，有人在组装一件新家具时可能会体验到一种顿悟，这最初对于他来说似乎是一个无法克服的挑战。但对于其他人来说，任务可能会从头到尾进行得都很顺利，没有被阻碍的感觉，也没有突然的问题解决，这个过程是更典型的非顿悟问题解决，它通常是渐进的，有意识地寻求解决方案。从现象学上讲，顿悟通常被描述为解决方案的突然实现，对于许多人来说，与非顿悟问题相比，这种突发性使顿悟成为一个特殊的过程。

1. 黑猩猩够取香蕉实验

格式塔心理学家苛勒（Kohler）于 1913—1917 年以黑猩猩为被试进行了一系列有关顿悟问题的实验，其中黑猩猩够取香蕉的实验是最为经典的一个。在黑猩猩的笼子外放有香蕉，笼子里放有两根较短的竹制棒子（其中任意一根都够不到笼子外的香蕉）。起初，苛勒发现黑猩猩尝试用一根竹棒进行够取，尝试失败。随后，黑猩猩选择将棒子扔向香蕉，尝试再一次失败。但让人惊讶的一幕发生在一只名为"苏丹"的黑猩猩身上，它在一次次拿起棒子玩时，出现了顿悟的意识。最后，它将两根竹棒连接在一起（将一根竹棒插进另一个竹棒的末端），使竹棒像鱼竿一样取到了香蕉。

2. 双绳问题

美国心理学家梅尔（Mayer）曾做过一个名为"双绳问题"的实验，这也是最早对顿悟问题解决机制进行研究的经典实验。如图 7.1 所示，实验参与者被要求将两根绳子抓住，并系在一起。这两根绳子被悬挂在一个房间的天花板上并且相距较远（两绳之间的距离超过人的两臂总长），参与者无法同时抓住。但这个房间里有一些工具：一把椅子、一盒火柴、一把螺丝刀和一把钳子。实验结果表明，仅有 39%的参与者能在 10 分钟内解决这个问题，原因是大多数参与者仅认为钳子只有把铁丝剪短的功能，并没有想到将它作为重物系在绳子的一端，使之摆动，当两根绳子靠得很近时抓住另外一根，进而将两根绳子系在一起。即个体在解决这个问题时存在着很大的困难，大部分被试在获得顿悟或知道解决问题的方法之前都需要被启发。

图 7.1　双绳问题示例

3. 蜡烛台问题

德国心理学家邓克在 1945 年设计了经典的"蜡烛台问题"实验。如图 7.2 所示，实验中，被试的任务是将蜡烛固定在墙上，并且不能让蜡滴到桌子上。在被试的面前有一根蜡烛、一盒图钉和一盒火柴。实验结果发现，有的被试尝试用图钉把蜡烛钉在墙上，也有被试点燃火柴融化蜡烛的一侧，然后尝试将蜡烛黏在墙上，但都以失败告终。正确的做法是用图钉把火柴盒钉在墙上，然后将蜡烛放在火柴盒上点燃即可。这一实验展示了"功能固着"的效应，即当人们赋予某种物体特定的功能后，就不会赋予它其他新的功能。正如在这个实验中，很多被试认为盒子的功能就是装载，并没有想到其作为托盘的作用。

图 7.2 蜡烛台问题示例

4. 火柴问题

在 6 根火柴问题中，研究者要求被试用 6 根长度相同的火柴棒组成 4 个等边三角形，并且每一根完整的火柴必须形成一个三角形的完整边。这个顿悟问题解决的关键在于二维空间向三维立体空间的转变，即用火柴拼成一个正棱锥体。研究者们在研究与顿悟问题内容相关的身体动作和顿悟问题的解决的关系时，常常以 6 根火柴问题作为实验材料。如有研究者发现个体在解决 6 根火柴问题时，与对照组相比，手中有实物火柴的被试在解决 6 根火柴问题时表现得更好（Murray 和 Byrne，2013）。

在火柴棒算术题中，被试被要求通过移动一根火柴，将错误的算术语句化为正确的算术语句（见图 7.3）。如Ⅷ = Ⅵ − Ⅱ，其中罗马数字是用火柴组成的，给定的任务是要求被试将一根火柴从等号上移开，放到减号上，即Ⅷ−Ⅵ=Ⅱ（Knoblich et al.，1999）。

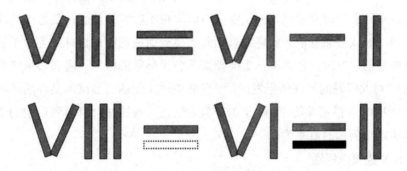

图 7.3 火柴棒算术题示例

5. 九点问题

在这个实验任务中，有一组 3 行 3 列排列的 9 个点，要求被试在笔不离开纸面而且不重画的情况下，用 4 条直线把它们连起来（见图 7.4）。这个问题的解决办法完全依靠"在格子外思考"，如果被试一直将思维局限在 9 点之内，那么问题就会变成不可能完成的任务。

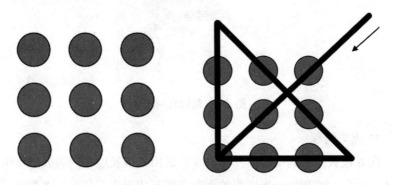

图 7.4　九点问题示例

有研究者假设了九点问题的三个困难来源：①打开一个非点，即结束一条线并在点之间的空间中绘制一条新线；②交叉线，即绘制相交和交叉的线；③拾取内部点，即绘制与九点及其变体内部的点交叉的线。对部分被试进行培训，旨在帮助或阻碍被试克服这些困难。然后对被试进行了九点问题的变体测试。结果表明，处于促进训练状态的被试的表现明显优于阻碍组或对照组。

九点问题是许多研究者都曾采用过的顿悟问题解决任务，可能是顿悟问题中最难解决的问题。例如，韦斯伯格和阿尔巴（1981）对标准的九点问题进行研究发现，几乎没有被试能够解决该问题。在后续的研究中，他们又采用九点问题进行研究发现，被试尝试 100 次也不能解决问题，要想成功地解决问题，被试必须意识到要将线画到九点排列而成的方形之外，当给予被试这个外显的启发时，也并不一定能提高其解决问题的概率。隆和多米诺斯基（1985）对此问题的研究结果发现，没有解决过此问题的被试的最高的解决概率为 9.4%。麦格雷戈等（2001）的研究也发现，被试在没有得到启发的情况下解决这个问题的概率为 0。

6. 8 枚硬币问题

8 枚硬币一般性任务是通过只移动 y 枚硬币来改变 x 枚硬币的数组，从而创建一个最终的数组，其中每枚硬币正好与其他 z 枚硬币接触。研究者常常使用的 8 枚硬币问题中，必须移动 2 枚硬币来改变起始阵列，使每枚硬币正好与其他 3 枚硬币接触。奥梅罗德等（2002）采用 8 枚硬币问题检验了进程监控理论对标准失败的预测，结果发现，个体达到标准失败状态越早，解决问题的可能性就越大。在每种情况下，正确的解决方案（见图 7.5）都需要从阵列的中心取出 2 枚硬币，然后在 2 枚硬币三联体的顶部各堆叠 1 枚硬币。

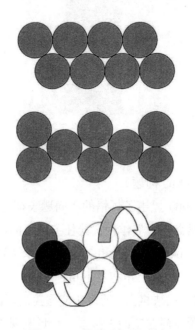

图 7.5　8 枚硬币问题示例

7. 四巧板问题

四巧板是一种智力拼板玩具，它由 4 块形状各异的木块组成，类似于七巧板。它可拼成 50 余种不同的图形，其中"T"形是最让人费脑筋的一种拼法，所以也被称为"T 字之谜"（T puzzle）。四巧板不仅可以作为学生课外活动的玩具，还可以用来测试智力水平，即根据拼图的难易，分成 9 档：婴儿水平、幼儿水平、初小水平、高小水平、初中水平、高中水平、专科水平、大学水平和博士水平。四巧板中的 4 块木板虽然形态各异，但其中 3 块木板的形状相对规则、普通，1 块木板形状十分不规则，木板的一端是一个凹进去的直角，如果需要拼成的目标图形是一个边缘规则的图形，那么问题解决者就面临着如何有效利用这个不规则木板的任务，这时问题解决者能否突破维的束缚，有效利用这个木板，将成为问题解决的关键（见图7.6）。

图 7.6　四巧板问题示例

8. 残缺棋盘问题（MC 问题）

卡普兰和西蒙（1990）提出了顿悟的"问题表征方式转变理论"，该理论的提出是基于"残缺棋盘问题"作为实验任务进行的深入分析。残缺棋盘问题的实验任务是有一个64格的棋盘和32格的多米诺骨牌，每个骨牌可盖住2格棋盘，如果切除棋盘的左上角和右下角各一格，使棋盘只有62格，能否用31个骨牌去覆盖这个残缺棋盘，请说明能覆盖的原因（见图7.7）。实验结果表明，被试最初在覆盖问题空间中搜索，一旦发现"总是不成功"时，他们就可能放弃这一表征，进入元水平空间（meta-level space）。如果被试在元水平空间搜索中发现"对等性"表征，就会产生顿悟的现象。这种表征的转变就是顿悟的心理机制。

张庆林等（1996）在对残缺棋盘的研究中进一步发现，在顿悟问题解决中存在两种处理方式，即知觉驱动和概念驱动，后者在将知识（图式）从顿悟式转移到新问题解决时比前者更有效。研究还表明，虽然启发式方法和知觉线索是影响顿悟的外部因素，但影响顿悟的最重要的内部因素是使用启发式搜索策略。如果个人能够从现有的经验中搜索与手头问题相关的知识，并从中获得关键的启发信息，他们就能尽早实现顿悟，并使问题得到成功解决。

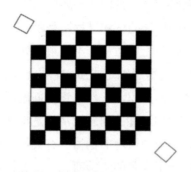

图 7.7　残缺棋盘问题示例

以上列举的是部分经典顿悟问题解决实验，这些问题代表了一些顿悟研究的主要刺激，然而，有研究者提出它们的可用性仅限于一小部分空间难题和语言谜语（Isaak 和 Just，1996）。相比之下，一些研究对顿悟问题进行了事后分类，根据被试的反馈对空间、言语和数学顿悟问题进行了分类，这些反馈表明被试将顿悟问题视为特定领域。为此，被试根据感知到的问题间的相似性，将顿悟问题分为尽可能多的组，所有可能的问题根据对成员的分组频率进行评分，并将分数进行聚类分析。结果将问题分成了 4 个主要问题簇，即空间簇、言语簇、数学簇和混合的空间-言语簇（Dow 和 Mayer，2004）。此外，有研究者向被试提出了 24 个顿悟问题和 10 个非顿悟问题。在测量了解决方案的时间，舍弃了一些解决困难的问题（如九点问题、残缺的棋盘问题）之后进行了聚类分析，得出了基于性能的 9 类问题（Gilhooly 和 Murphy，2005）。

（三）顿悟问题解决

问题解决是由一定的情境引起的，在问题空间中进行搜索，使问题由初始状态变为目标状态的思维过程。而顿悟问题解决是目前心理学研究的重要领域之一，长期以来一直受到研究者们的关注。目前大多数研究者认为，问题解决中顿悟的产生要经历一个"重构"的过程，即个体对最初形成的问题表征进行改变，形成新的问题表征空间，然后在新的问题空间中进行搜索，达到问题的最终解决。

问题解决中主要有两种类型的问题，即常规性问题和创造性问题（Mayer，1992、1995）。在常规性问题的解决过程中，个体的认知是渐进式的，可以根据问题所给予的初始条件及头脑里已有的知识经验，通过一系列认知操作，不断缩短问题起始状态与目标状态之间的距离，从而找到问题有效解决的方法；而创造性问题解决的认知过程则是跳跃式的，人们在解决问题的初期往往会陷入僵局，感到无所适从，不知道该如何"走"下去，经过一段时间的酝酿之后，个体在克服思维定式后，能从一种全新的角度来思考问题，并对问题情境形成一种新的认识，突然意识到问题解决的方法或思路。

顿悟问题解决是一种创造性的问题解决，是将整个情境改组成一种新结构的过程，表现为对整个问题情境的顿悟。有关顿悟问题在很早就引起了心理学家们的注意，也进行了大量的实验研究（上文提到的黑猩猩够取香蕉等试验），获得了许多有启发性的结论。对顿悟的研究，阐述了一些在创造性思维理论中的含糊不清的基本问题。但是，由于许多有关顿悟现象的描述及对该现象的非实验观察都强调顿悟的潜意识方面，认为头脑中意识到的想法会妨碍促进顿悟产生的潜意识联结的形成，因此人们往往认为难以对顿悟现象进行实验研究。

1926 年，沃拉斯提出"创造性四阶段论"的观点，他将创造性过程分为 4 个阶段：准备阶段（preparation）、酝酿阶段（incubation）、豁朗阶段（illumination）和验证阶段（verification）。其中豁朗阶段是顿悟的闪现，是个体的头脑中突然闪现新的想法和意识，障碍被打破，问题得以顺利解决的表现。有研究调查了顿悟问题解决方案可能获得的记忆优势。研究者假设顿悟解决方案会比无顿悟解决方案更容易被记住。作为一项新颖的解决问题的任务，向 50 名被试展示了 34 个魔术技巧的视频剪辑，要求他们找出技巧是如何实现的。发现解决方案后，被试必须指出他们在解决过程中是否经历了顿悟。14 天后，对解决方案进行回忆。总的来说，55%的解决技巧都能被正确地回忆。比较顿悟和非顿悟解决方案，64.4%的顿悟解决方案能被正确回忆，而所有非顿悟解决方案中只有 52.4%能被正确回忆。研究者将此发现解释为先前的顿悟经验对解决方案顿悟的促进作用。

罗和尼奇（2003）向 7 名中国被试展示了 45 个翻译的日语谜语，并进行了功能磁共振成像扫描。一个谜语的例子是"可以移动沉重的原木，但不能移动钉子的东西"（谜底：河流）。中国的被试很熟悉这种谜语，因为他们在童年时经常接触。研究人员发现，在顿悟期间，个体的额叶、颞叶、顶叶和枕叶的活动分布广泛。在解释谜语时，右海马比左海马更活跃。可见，海马在顿悟过程中起重要作用。一种可能是海马参与联想的形成、连接和完成，另一种可能是海马参与了打破心理定势的过程，促进个体形成新的联想，从而产生顿悟。

库尼奥斯等（2006）向 19 名被试展示了复合远距离联想任务（CRA）。CRA 要求问题解决者找到与一组中的三个单词都能相关联组成复合词的一个单词。实验 1 中问题解决者试图在 7 秒钟内找到答案，然后大声朗读一个目标词，给出答案。在准备期间观测其脑电图并记录，包括 2 秒的开始，以及被试按下按钮表示其准备好解决问题，并在计算机屏幕上出现问题时结束。"顿悟的准备"在额叶中部皮层和左前颞叶皮层有更显著的激活。非顿悟问题准备在枕叶皮层有更显著的激活。当每个问题在 30 秒结束且被试没有得出答案时，将"顿悟的准备"与"超时准备"进行比较。在实验 2 中，25 名被试在解决 CRA 问题时接受 fMRI 扫描。每个问题允许被试思考 15 秒，如果到时没有给出答案，则将问题标记为"超时"。结果发现，在"准备"期间前扣带回皮层（ACC）的激活增加。ACC 首先参与认知控制过程，这些过程涉及显性关联，然后将注意力转移到在右前颞区激活的可能性较小的关联上，以解决顿悟问题。后扣带回皮层和后部颞上回在准备时也显示出更多的激活。

麦等（2004）采用事件相关电位技术对 14 名被试进行了研究，在简单的谜题后，呈现与答案明显一致的单词（非顿悟条件），或者在困难的谜题后，呈现与打破思维定式的解释一致的单词，从而引出正确的答案（顿悟条件）。谜题与罗和尼奇（2003）研究中的刺激相似，在顿悟条件下 ACC 区域产生了强烈的活动和电流密度，表明其参与了思维定式的打破。随后的研究提供了进一步的支持，发现 ACC 参与了顿悟难题的解决。一类问题涉及顿悟，被试需要研究由不同原理构建的几个难题。另一类问题不需要顿悟思维，即非顿悟条件，所有问题都是由正式测试项目中采用的相同原理构建的，因此可以通过找到用于解决方案的一般策略来进行自上而下的处理。在不同条件下，为每个参与者选择的谜题类似于罗和尼奇（2003）的研究，并且每个谜题仅呈现 10 秒。对 21 名被试进行 fMRI 扫描发现，两种情况都激活了左外侧前额叶皮层。但是顿悟条件比非顿悟条件激活了更多的 ACC。研究者认为，当顿悟问题无法通过自上而下的处理来解决时，ACC 负责"预警系统"，提示个体需要尝试采用非常规方法来解决。

以上研究探讨了部分创造性问题解决的认知过程和神经机制，在日常生活中揭示出创造性问题解决的内部机制，为改善和培养青少年的创造性问题解决能力提供理论依据和实践指导。

二、顿悟问题解决的研究方法及范式

关于顿悟问题解决既可以采用一般的问题解决方法进行研究，也可以使用一些独特的创造性的研究方法。以下列举的方法都在顿悟式问题解决中得到了广泛使用。

（一）顿悟问题解决的研究方法

1. 实验研究法

实验研究法是针对某一问题，根据某种创造性理论或假设，通过观察、记录和收集数据进行有计划的实践，人为地改变和控制被试，并对实验结果进行反复验证，从而了解创造性的本质及其规律，得出一定的科学结论的一种方法。研究者可以使用各种测量方法来得到相应指标进行研究，如解决问题的时间、正确解决方案的数量、错误的类型、被试能够记住的解决问题的步骤等。

然而，在创造性的相关实验研究中，并不能像真正的实验室研究那样对噪音、光线和其他干扰因素进行绝对控制。准确地说，绝大多数的创造性研究只能被描述为准实验性的，这是因为真正的创造力在某种程度上需要个人具有自发性、内部动机、选择和充裕的时间，而这些因素在严格控制的环境中可能被排除。因此，创造力研究不能在高度控制的实验环境中进行，极端的控制可能会导致个人偏离要研究的创造性行为。因此，在实验研究中，适度（而不是完全）的控制目前占主导地位（张庆林等，2002）。

陈石等（2021）采用实验研究法，利用成语谜题范式探究了顿悟在促进个体记忆方面的有效性，结果发现新颖联结条件下的被试在学习阶段的顿悟感得分更高，在测试阶段的正确率更高，初步说明个体在加工顿悟问题时能够产生更佳的记忆保持量。在探讨顿悟问题解决的影响因素有关研究中，研究者利用实验研究法，在不同时间间隔及认知负荷条件下探讨了认知资源耗费程度的不同对关键启发信息激活的影响。研究结果发现，认知资源的消耗是影响顿悟问题解决的重要因素，个体认知资源耗费越多，其关键启发信息的激活越困难。此外，还有研究者利用"靶问题–源问题–靶问题"这种特殊的实验范式，对个体的元认知监控和归纳意识对顿悟问题解决的影响展开了探讨。研究结果发现，提示归纳会在不同程度上促进顿悟问题的解决，当个体获得关键启发信息时，元认知监控程度高的个体在顿悟问题的解决上比元认知监控程度低的个体表现得更为优秀（刑强等，2009）。

2. 口语报告法

口语报告法是基于思维被类比成信息加工的过程，通过记录和分析个体正在从事或刚刚完成某种活动（如解题）之后对自己心理活动的口头陈述，揭示被试心理活动的过程及其规律的一种方法。埃里克森和西蒙（1993）的出声思考理论表明，主要有 3 种类型的口头表述：

第一种类型是直接言语表达。是指被试简单地把他们内心的"想法"大声说出来。例如，你可以查找一个电话号码，并通过重复它来保持短期记忆，直到打完电话。这种直接的口头报告不会减缓问题解决的正常速度，也不会影响问题解决的顺序。

第二种口头报告涉及短时记忆内容的重新编码。这种类型的口头报告可以在一定程度上减缓问题解决的速度。例如，当被试在进行表征任务时，被要求大声表达他的想法。根据埃里克森和西蒙（1993）的理论预测，第二类口头报告并不会影响问题解决的顺序。

第三种口头报告涉及对所进行的操作进行解释或推理，这必然会影响问题的解决。例如，被试被要求报告为什么在实际问题解决过程中改变了问题解决的后续步骤（Heath et al.，1986；Berry，1983）。这样的任务虽然有利于问题的解决，但在为行为提供解释的过程中也会扰乱正在进行的行为。因此，在分析人类问题解决的研究中，第一种类型和第二种类型的口语记录更常用。

有研究者以大学生为被试，将其随机分为口语报告组和非口语报告组，利用包括数字型、混合型、分解型、符号型和连续型 5 种类型在内的 8 个两步火柴算术问题，探讨不同难度的两步火柴算术问题解决过程中的顿悟认知成分。研究结果验证了不同难度的两步火柴算术问题解决过程是一个从分析到顿悟的连续体，即难度较大的连续型和符号型包含更多的顿悟认知成分，更接近问题的顿悟端，分解型处于中间位置，难度较小的混合型和数字型包含较少的顿悟认知成分，更接近问题的分析端；而自下而上的重构更多存在于顿悟端（郭丽婷等，2014）。

3. 计算机模拟法

纽厄尔和西蒙（1972）以人工智能开发为出发点，从信息处理理论的生成规则方面详细探索和描述了人类解决问题的心理过程。这项工作的第一步是尽可能多地收集有关人类解决问题的信息，并以对这些信息的分析为基础，开发类似于人类使用的问题解决程序；第二步是收集有关人类和计算机解决相同问题的详细信息，并在分析和比较的基础上修改开发的计算机程序，以提供更接近人类行为的计算机操作模型。

计算机模拟法的优点是可以精确定义记忆和策略等概念，并以计算机指令的形式表达出来；缺点是为了保证计算机程序能够运行，即能够解决问题，它的每一个步骤都必须是确定的和可执行的。但当一个成功的程序不能保证人们以同样的方式解决问题时，就有必要对人们如何解决问题进行更详细的观察，并修改计算机程序以模拟他们的行为（邓铸，2003）。

一些研究人员致力于对一些人类智能活动进行计算机模拟，其中许多基于人工智能的计算机辅助设计系统已经被广泛应用于各个领域。在创作过程中，这种基于类比推理的系统由于其生成性，被认为可以在一定程度上模拟创作过程。范晓芳（2012）利用类比生成模型的原理，开发了一个与磁共振仪器兼容的计算机辅助设计系统"三源类比人脸生成系统"，并利用这个平台进行磁共振功能成像实验，探索创造性思维的神经机制。结果发现，创造性思维是高度分布式处理的结果，同时涉及多个脑区。

4. 眼动记录法

眼动记录法是指给被试一个问题的视觉演示，用眼动仪记录他们在解决问题过程中的眼动。眼动分析可用于获得问题解决过程中的许多重要数据，如注视位置、注视时间、注视次数、注视后退、眼跳等。眼动数据可用于研究问题解决过程中的心理加工问题。

眼动跟踪对于了解基于问题解决范式的实时处理非常有效。与其他方法相比，眼动测量为研究问题解决的心理提供了一个相对自然和直接的测量方法，在揭示影响问题解决的关键因素方面尤为突出（Knoblich et al.，2001；Grant et al.，2003）。当然，眼动分析也存在一些问题，比如如何令人满意地解释用眼动分析获得的数据，使其客观地反映问题解决的过程，这是一个重要的、有争议的问题。

研究人员采用问题解决时间和眼动技术指标相结合来探讨顿悟问题解决的认知机制，结果表明，眼动分析法所得的结果与采用问题解决时间作为观测指标的结果是一致的（Knoblich et al.，2001）。然而，眼动技术现在可以获得问题解决过程中关于眼动的精确、连续的瞬时信息，以及问题解决者的注意力在问题开始解决和结束时的转移位置，供实验者进行延时分析，它比问题解决时间、正确问题解决数量等更具有生态学有效性。在其他有关顿悟问题解决的眼动研究中，研究者在实验中测试了从顿悟理论得出的关于眼睛运动的三个预测。第一个预测基于顿悟问题产生僵局的原理。在僵局期间，人们倾向于坐下来盯着问题，因此会减少眼球运动（即会有更长的注视时间）。随着越来越多的问题解决者进入僵局，这种影响应该在整个问题解决过程中逐渐增加。研究者在两个难题 B 和 C 中找到了这种模式，但在更简单的问题 A 中却没有发现。第二个预测遵循的原理是僵局是由不适当的初始表征引起的。在火柴棒算术任务中，对模拟物的先验知识使人们偏向于将数值视为变量问题元素，而不是将运算符号视为变量问题元素，因此，在解决问题的初始阶段，问题解决者应更倾向于将注意力分配给不同的数值。第三种预测遵循以下原理：通过放松不适当的约束并分解无用的组块来打破僵局。对问题表征的这种修改应该导致问题解决者注意力分配的转变。在任务中，研究者期望问题解决者能够成功，因为他们最终松懈了对移动运算符的约束，这意味着问题解决者在问题解决结束时对运算符的关注将有所增加。结果发现，成功的问题解决者有此种现象，但没有在不成功的问题解决者中发现（Mac Gregor et al.，2001）。

5. 事件相关电位技术

事件相关电位技术能对大脑高级心理活动（如认知过程）做出客观评价，并为分析大脑顿悟问题解决中的时间进程提供了新的方法和途径。

邢强等使用事件相关电位（ERP）技术展开顿悟的相关研究。研究者于2014 年运用该技术，对个体有准备阶段和无准备阶段汉字字谜理解过程中准备效应的脑内变化进行了比较。研究结果表明，在 200～900 毫秒内，准备效应引起了一个正的 ERP 成分（P200～900），大部分脑区被激活；在 900～1400 毫秒内，准备效应引起的 P900～1400 成分主要分布在额叶和中央区域，N900～1400 成分分布在枕部区域。说明准备期的处理影响了对变位词的理解，而且准备效应对变位词的理解既有促进作用，也有抑制作用。2017 年，研究者进一步利用行为和事件相关电位技术探讨了执行功能对个体言语顿悟问题解决的影响脑电图结果发现，与"无顿悟"条件相比，"顿悟"条件诱发的早期成分 P2 和 N2 更强，中后期 P3 更强。P2 成分可能主要反映了早期对人脑中思维僵局的认识，受到高或低执行功能的影响。而李文福等（2013）也同样以字谜为实验材料，通过"五对五的学习-测试"范式和记录手段，考察了原型字谜和靶字谜间是否包含共同字词对顿悟的原型启发的影响。结果表明，靶字谜出现后的 800～1700 毫秒内，与基线条件相比，有、无共同字词条件诱发了一个更正的 ERP 成分，他们认为这可能反映了原型的激活和新颖联系的形成。

此外，沈汪兵等（2012）采用猜谜任务范式，结合运用 ERP 技术对顿悟中思维僵局产生的阶段及其脑认知活动进行探讨。研究从字谜问题解决中谜底所诱发顿悟的时间进程来探讨顿悟的认知神经机制。研究发现，与"非僵局"谜题相比，"僵局"谜题在额叶-中枢区域分别诱发了 120～210 毫秒和 620～800 毫秒的校正 P170 和晚期顶区正波（LPC）。P170 反映了大脑对僵局的早期意识，而 LPC 则主要反映了大脑在进行了一些问题解决的尝试后对预先评估的僵局的修正。

6. 脑成像技术

脑成像技术凭借其拥有的精确时间和空间精度，能大致勾勒出顿悟涉及的脑活动区域，为直接观察大脑在顿悟问题解决过程中处理各种信息时的活动状况提供了强有力的技术支持。例如，功能性磁共振成像技术（fMRI）使研究者能够在毫米水平的精确程度上记录大脑在某个瞬间的活动状况，从而为构建顿悟脑的神经框架、早日揭开顿悟之谜提供了适合的技术手段（罗劲，2004）。

20 世纪 90 年代以来，许多研究者对顿悟的认知机制开展了广泛的研究，并取得了一系列研究成果。许多有关顿悟脑机制的 fMRI 研究均发现了在顿悟问题解决过程中，脑岛和中/后部扣带回，以及海马在内的广泛脑区的激活，这表明它们可能参与了顿悟体验加工，尤其是早期个体尝试去解决问题阶段顿悟体验的加工。

"啊哈体验"被研究者称为参与成功重构后伴随答案闪现的顿悟体验。最新神经影像研究发现，杏仁核和眶额皮层有可能是这种"啊哈体验"的重要功能脑区。例如，让-毕曼团队（2004）借助复合远距离联想任务，同时联合脑电图和 fMRI 技术，系统考察了顿悟与非顿悟两类问题在解决过程中的差异性神经标记。研究结果发现，顿悟题解过程特异性地诱发了个体获得顿悟题解前 0.3 秒源于右侧颞上回的高频脑波，以及扣带回和双侧杏仁核的显著激活。赵等（2013）借助成语字谜的答案选择范式考察了言语类顿悟脑机制，且观察到了杏仁核在解题活动阶段的显著激活（Kaplan 和 Simon，1990；Knoblich et al.，1999、2001；MacGregor et al.，2001；Chronicle，2001；Jones，2003；Kershaw 和 Ohlsson，2004；罗劲，2004；张庆林和邱江，2005）。

朱海雪等（2012）采取原型与问题呈现的不同顺序范式，探讨了问题解决中顿悟的原型位置效应，同时通过 fMRI 技术记录大脑的血氧水平依赖（BOLD）信号变化。结果发现"先呈现原型"条件下的正确率显著低于"先呈现问题"条件下；"问题先导"条件下的原型启发的大脑机制主要表现为左侧颞中回和额中回的显著激活，"原型在先"条件下，主要激活了左侧扣带回、左侧中央前回。

综上所述，从目前顿悟问题解决的研究方法来看，虽然有多种多样的研究方法在顿悟问题解决研究中得以运用，但能将这些方法有机结合进行综合探讨的研究还是很少。为了更深刻地对顿悟问题进行研究，将这些方法结合起来是很有必要的，因为上述提到的每一种方法都存在其不足之处，而多种方法的结合能够更有利于对顿悟理论的验证。

（二）顿悟问题的研究范式

开展顿悟的神经机制研究存在较大的难度，比如，如何解决自然状态下顿悟发生的时间的可控性，以及如何产生相当数量的、可重复观察的事件的叠加效应，从而利用脑成像技术进行可靠分析（邱江和张庆林，2011）。而经典的蜡烛问题、双绳问题等任务通常仅有一个问题，且解决时间较长，难以作为顿悟的脑机制的实验材料。因此，国内学者罗劲、邱江等人基于中国的研究背景，创造了一系列适合顿悟问题的神经机制研究的范式，解决了经典顿悟问题实验任务不能使用 ERP 和 fMRI 等认知神经技术对顿悟过程进行直接观察和研究的难题。目前，顿悟研究采用较多的实验材料为谜语问题和远距离联想范式。在谜语问题中，具体的研究范式主要有一对一的学习-测验范式和多对多的学习-测验范式。

1. 字谜任务

研究以原型激活理论为理论基础，采用字谜任务作为实验材料，具体研究流程见图 7.8（邱江等，2006）。

（1）"一对一"学习-测验范式

在学习阶段，被试首先对原型字谜进行学习，从而获得靶字谜的启发信息，随后在测试阶段，让被试尝试对靶字谜进行解答，被试可以快速进行任务解决，在短时间内产生"啊哈体验"。

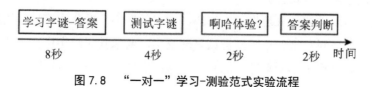

图 7.8 "一对一"学习-测验范式实验流程

（2）"多对多"学习-测验范式

在学习阶段，被试依次学习多个原型字谜，随后向其随机呈现多个与先前学习过的原型字谜配对的靶字谜进行解答。在此范式下，原型字谜会对不同的靶字谜起到干扰作用，而非只有一个原型字谜对一个靶字谜起到启发作用（邱江和张庆林，2011）。具体流程见图7.9。

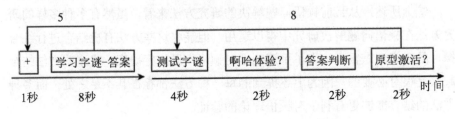

图7.9 "多对多"学习-测验范式实验流程

2. 猜谜作业任务

罗劲等（2003）研究顿悟的神经机制时采用了猜谜作业任务。他们首先在从互联网上获得的300个日本谜语中选择了前45个谜语，这些谜语被被试评价为高度有趣和合理（与谜语的答案相匹配）。所选谜语的答案与问题之间没有明确的联系，但完全符合问题。例如，"能移动沉重的圆木，但不能移动钉子的东西"这个谜语的答案是"河流"。任务中每个问题的长度控制在16个字符以内，答案控制在7个字符以内，问题和答案中的词均为高频词（Luo和Niki，2003）。

随后邱江等人在探究顿悟的ERP效应时，也采取了猜谜任务。首先他们通过预试对161条字谜的难度和趣味性进行等级评定，选取了难度中等、趣味性较高的140条字谜作为刺激材料。所有字谜的谜面长度均在14个汉字以内，谜底均为一个汉字。如"个个不忘本——笨""心字变个身——息"等。他们对实验材料进行检验发现，对于较难的字谜，被试一般不容易想到答案，但是当提供正确答案时，他们一般都能在较短的时间内产生顿悟；对于较容易的字谜，被试容易猜到正确答案，当提供答案时，他们发现谜底与自己猜测的答案一致时就不会产生顿悟（邱江等，2006）。

3. 汉字组块破解任务

汉字组块破解任务是将汉字组块（如"睡"字）拆分成笔画，然后再进行整合，形成新汉字。首先向被试呈现汉字，要求其对汉字进行组块破解，并且在破解过程中不能有笔画的残余，从而形成两个新字。解题过程包括自我求解、提示呈现、答案呈现三个阶段。在自我求解阶段，被试要在看到需要组块破解的汉字后，在没有任何外界提示帮助下，凭借自己过去的经验主动尝试解决问题；在提示呈现阶段，汉字的破解部分用红色标注；在答案呈现阶段，进行答案的公布，即屏幕上呈现组块破解后产生的新字（沈汪兵、罗劲和刘昌等，2012）。

组块分解是将熟悉的模式分解为它们的组件元素，这样就可以以另一种有意义的方式重新集结。罗劲等（2006）采用脑成像技术，使用汉字作为材料，开发了一个新的组块分解任务，该任务需要重新排列角色的各个部分以创建新角色。他们认为，汉字作为语标语言系统，是知觉组块的理想例子，因为它们由部首组成，部首又进一步由笔画组成，而笔画是汉字最简单、最基本的组成部分。根据组块分解假说，用偏旁来区分一个汉字应该比用笔画来区分一个汉字容易得多，因为特定的笔画紧密地嵌入在知觉组块中。换句话说，将汉字分解成笔画需要一个特定的过程，这个过程打破了由知觉组块产生的笔画之间的紧密联系。

实验中参与者的任务总是涉及两个有效字符，一个在显示屏的左边，另一个在显示屏的右边。被试被要求去掉右边字符的一部分，把它加到左边字符上，这样移动后就产生了两个新的有效字符。实验有两个条件：在紧密组块分解（TCD）条件下，只有当被试将汉字分解成独立的笔画，并将部分笔画从汉字的右边移到左边时，问题才能得到解决；在松散块分解（LCD）条件下，将字符分解为单独的部首并将其中一个生成的部首移动到字符左侧就足够了（Luo et al., 2006）。

4. 远距离联想任务

梅德尼克（1962）发明了远距离联想测试，测试中每个问题包含三个词，要求被试找到一个与问题中三个词均有关联的词。鲍登和让-毕曼（2003）进一步创建了用于研究顿悟问题的复合远距离联想任务，要求被试想出另一个复合词，该复合词能够与这三个词分别组合起来成为一个新词。任纯慧等（2004）根据汉字的特点，采用中文的"字对"（实验中给予被试 3 个线索字，如"生、天、温"，要求其找出一个目标字"气"与这 3 个线索字都组成合法的双字词"生气、天气、气温"）编制了中文远距离联想测验（CRAT）。但上述的远距离联想题目并没有明显的重构，中等难度的题目并不能很好地区分试误与顿悟。因此，杨丽珠和冷海洲（2016）通过编制提示词词库，通过题目的难度、反应时、顿悟感等指标区分出不同类型的题目，将顿悟与试错区分开，克服了原始远距离联想测验没有明显重构的缺点，改进了远距离联想范式。

第二节　顿悟问题解决的主要理论

目前，关于顿悟研究的心理机制还存在着争议。研究者们对顿悟的心理机制的解释存在着不同的观点，主要包括顿悟问题解决的早期理论，如功能固着理论、心理定势理论等；顿悟问题解决的现代理论，如进程监控理论（progress monitoring）、表征变化理论（representation change）等。

一、顿悟问题解决的早期理论

早期的顿悟研究者对顿悟问题解决提出了一些理论上的解释。以往研究认为，所有的问题解决都是从意识到问题的存在开始的，然后在解决问题的过程中遇到障碍，即解决问题的人处于"觉得什么都不行，不知道下一步该怎么做"的心理状态，最后对问题的持续关注可能会诱发一个新的视角，即障碍被打破，从而产生一种"啊哈"的开悟性情感体验。然而，关于这个障碍-顿悟的顺序，存在一些问题。例如，为什么人们会在他们有足够知识储备的问题上卡住？当人们已经拥有解决某些顿悟问题所需的概念和技能时，为什么还是会遇到障碍？如果有认知机制或因素阻碍人们运用知识解决问题，为什么这些障碍不是永久性的？人们打破障碍的认知过程是什么？

一类理论侧重于旧的思维方式如何阻碍问题的有效解决，如邓克尔（1945）提出的功能固着理论和卢钦斯（1942）提出的心理定势理论；而另一类则侧重于新的、能有效解决问题的想法如何在顿悟中实现，如格式塔的知觉场理论。下面将详细介绍这些理论。

（一）功能固着理论

1945 年，邓克尔提出了功能固着理论。功能固着理论主张物体的心理表征与这些物体的功能一般都有联系，如果一个熟悉的物体在某个问题中被以不熟悉的方式使用，那么同时提取其熟悉的功能就会阻止提取其不熟悉的功能，于是就出现了障碍。简单来说，个体常常将一个特定物体的表征与需要解决的问题的常见功能联系在一起，当一个熟悉的物体需要以另一种个体并不熟悉的方式使用时，就会发生困难，从而妨碍了个体以新的方式运用它来解决问题，因此顿悟问题的解决有时取决于个体能否克服自己已有知识经验的限制，在新的情境中发现物体的新功能。邓克尔通过对蜡烛问题的研究，证实了功能固着的存在。实验任务是被试需要将蜡烛固定在垂直的墙上，在实验过程中"顿悟性的解决"要求被试能意识到火柴盒子的非主要功能的使用，如用钉子将其固定在墙上作为蜡烛的支撑。结果表明，功能固着会阻碍个体对现有工具（火柴盒、图钉）的潜在功能的发现，从而影响了问题的解决。

研究者认为人们会反复尝试那些不起作用的想法，这种徒劳的努力会产生反作用，因为它使这种有缺陷的途径的激活越来越强，同时降低了问题解决者探索其他有效途径的可能性。这一理论可以理解为强调问题解决中的"强迫症"倾向的假说，该现象会对个体创造性地解决问题产生消极影响。

（二）心理定势理论

心理定势理论认为，思维习惯会阻碍问题解决者寻求新的、可能更有效的问题解决方法，典型的例子是卢钦斯著名的"水罐分水实验"。他通过对"水罐分水实验"进行研究发现，人们在一开始常常采用一种程序来解决问题，而在之后的一系列很容易解决的问题中，问题解决者仍会倾向于使用先前的烦琐程序，即问题解决者很难从已经被成功强化过的反应策略中转移出来。

心理动力学理论表明，顿悟往往采用"迂回"的解决方案。然而，问题解决者往往被激励去尝试直接的路线，而这是无效的。比如，该理论认为"九点问题"之所以难以解决，不是因为问题解决者的思路局限于九点所限定的框架内，而是因为问题解决者总是试图用一条直线去连接尽可能多的点，即个体在面对相似的问题时，形成了一种思维定式，不去思考如何以更简洁的方式完成，而是采用习惯的解决方式。

（三）格式塔的知觉场理论

格式塔的知觉场理论认为，顿悟是知觉场重组的结果，在问题解决之前，个体的知觉场处于紧张的不平衡状态，一旦形成一个平衡的知觉场，问题就解决了，而平衡的知觉场的形成取决于问题解决者超越对表面特征的感知，转向对事物之间内在关系的感知。表征变换理论认为，通常顿悟问题会引导人们形成不适当的问题表征，使人们无法有效地解决问题，而问题的成功解决取决于问题表征方式的改变，但问题的表征方式并不是轻易就可以被改变的，这往往需要组块破解。组块是人们在日常生活过程中逐渐形成的、不同元素之间紧密结合的统一体，组块内部各要素的紧密程度将决定着问题表征方式能否实现有效变换。类比理论认为，顿悟问题的解决关键在于问题解决者通过类比过程，创造性地应用与手头问题情况不直接相关的想法或方法，如用骑士攻打城堡来类比肿瘤的放射治疗。

二、顿悟问题解决的现代理论

（一）进程监控理论

麦格雷戈等（1999）试图用手段-目的分析法来阐明顿悟的认知过程，提出了进程监控理论（progress monitoring theory），这个理论可以应用于九点问题和其他的一些问题。与以前的认知方法相比，该理论提供了更详细的预测，它继承了问题解决的信息加工模型的传统。

进程监控理论由三个主要部分组成：①搜索范围；②移动选择；③基于子目标的过程标准的运动评价。搜索范围由心理预期能力（即预测值）控制，即个体可以提前考虑的线的数量（如九点问题），而移动选择则由当时合理的操作控制，即选择可以被线划掉的最大点数，这与人们在有限的理性条件下做出选择的观点一致（Chater 和 Oaksford，1999；Gigerenzer 和 Goldstein，1996；Simon，1990）。对某一特定动作是否符合过程标准的评价并不取决于被划掉的点数，而是取决于剩下的点数和线条的相对数量。当剩下的点很多而线很少时，那么个体选择的当前操作只能划掉一个点，这显然不符合解决问题的目标，但如果剩下的点很少而线很多，这个移动就可以接受。当个体发现没有可行的移动选择时，他就应该意识到这种划线方案是不能解决问题的，即达到了"标准失败"，必须纠正或放弃之前的操作。

从对上述模型的描述可以发现，进程监控理论强调个体从开始解决顿悟问题到最终完成问题的思考过程不是一个连续的过程。个体在解决问题时往往采用直线寻求当前状态与目标状态间的最短距离，在这一过程中，个体会对问题解决的进度进行监控，分析两种状态间的差异，一旦发现距离过远或无法形成通路后，就会陷入"标准失败"，顿悟一般发生在这种"标准失败"之后。

在关于进程监控理论的研究中，许多研究者进一步用实验展开对该理论的详细研究，如麦格雷戈等（2001）对九点问题进行了研究，主张被试的操作必须满足一个进程标准，如果不满足，那么标准失败就发生，转而寻找另外合适的操作，并由此可能导致约束松懈。

奥美罗德等（2002）用八枚硬币问题作为实验材料，测试了过程监控理论对标准失败的预测。结果表明，个体在过程中越早达到标准失败状态，问题解决的可能性就越大。他们认为，松懈某些形式的约束是必要的，但并不足以使问题解决中出现顿悟。此外，该研究还表明使用八枚硬币问题来测试理论假设是可行的。他们的研究为信息处理理论提供了进一步的支持。具体观点是个体使用两种主要的认知加工策略：①划掉最多点的直线最优策略，即在每条直线上划掉最多的点，这实际上意味着使用局部最优方法（爬山法）。②过程监控策略，即个人预测问题解决过程中采用的一系列步骤是否有助于达到最终的目标状态，同时根据预先确定的标准衡量步骤的表现，以衡量预期步骤的有效性。当可以预期的步骤总是与预定的标准相矛盾，个体就会产生放松约束的冲动，寻找新的问题解决的方法，试图从错误的问题空间转移到正确的问题空间，使用这两种策略是个体正确解决九点问题的关键，它们的作用超过了知觉线索或线条线索。

（二）表征变化理论

表征变化理论（representational change theory）认为，问题解决者在解决问题的过程中对问题形成了不恰当的初始表征，这会导致问题难以解决。在某种程度上，理解一个问题就是要知道什么事情对解决问题有帮助，什么事情对解决问题没有帮助。这种类型的知识就包括一些约束（或限制）（Ohlsson，1996；Ohlsson 和 Rees，1991）。例如，在面对一个陌生的问题时，解决者既不知道该做什么，也不知道该避免什么。如果问题激起了他对过去遇到的问题的回忆，与之相关的约束可能会被激活。这些约束可能适合于解决不熟悉的问题，但也可能是不适合的（Keane，1996；Richard et al.，1993）。如果不适合，那么被激活的约束条件所约束的操作空间可能并不包括当前问题的解决方案。

克诺布里奇等（1999）在此基础上进一步完善了表征变化理论。他们认为，问题解决者在解决问题的过程产生会产生顿悟，因为他们改变了对问题的最初表述。人们提出了两种克服障碍的机制：约束松懈（constraint relaxation）和组块分解（chunk decomposition）。

1. 约束松懈机制

约束松懈又称作抑制解除，即个体在解决问题的过程中在外部空间受到约束，也就是说，个体对问题的整个空间的表征有一些不利于解决问题的表征，这些不恰当的表征实际上可以被看作对问题解决者的约束或抑制。研究者认为，由外部约束导致的解决空间内无法解决问题而造成障碍可以通过松懈约束来克服（Knoblich 和 Haider，1996），并且主张约束松懈并不是有意的或自愿的，而是个体对持续的失败的一种心理反应。约束松懈的可能性与它的范围成反比。约束的范围取决于放松约束时问题表征受约束影响的程度，窄范围的约束要比宽范围的约束更有可能达到松懈。想用约束松懈假设来预测一个问题的难度，个体必须证实所使用的每个问题中是否存在约束，根据它们的范围进行排序，并验证哪些约束需要被放松以解决问题。问题最初存在难度是因为存在约束，一旦约束被松懈、抑制被解除，那么问题的难度就会消失，所有问题都会像简单的问题一样容易解决。

2. 组块分解机制

一组具有相似性的客体或事件存在一类成分重复出现的特征，这组客体或事件就称为一个组块（Knoblich et al.，1999）。当面对一个陌生的问题时，问题解决者不知道过去经验中的哪一组成分对当前的问题解决有用。如果个人记忆中的某个组块对发现问题的解决方案没有帮助，那么就会出现解决障碍。

组块的应用是自动的加工过程（Devine，1989；Perdue 和 Gurtman，1990）。表征变化理论表明，组块分解的可能性与组块的紧密程度成反比。一个可以分解成其他组块的组块被称为松散的组块，一个不能分解成其他组块的组块被称为紧密的组块。组块分解是从松散组块开始的，紧密组块只有在失败持续存在时才开始分解。为了预测两个问题的相对难度，一个人必须验证哪个组块可能是活跃的，根据组块的接近程度进行排序，并决定哪个组块需要被分解以获得问题的解决方案。一旦一个组块被分解，它就应该被继续分解。

表征变化理论还认为，约束和组块都有不同的层次，如果约束的范围涵盖了整个问题，那么这个约束松懈的过程是最难的，更可能首先得到松懈的约束是当前的约束，因为它只影响到问题表征的一部分。对于组块，释放组块（组块被分解成小的组块）比捆绑区块（组块被分解成不是他们本身的别的组块）更可能得到分解。

表征变化理论的预测性后来被克诺布里奇等（2001）用火柴棒算术问题和眼动记录进行了测试。该实验用火柴棒组成罗马数字，要求被试解决 3 个火柴棒问题（问题 A、B 和 C），在实验过程中向被试随机地提出 3 个算术方程式，每一步都是为了使方程成立，每个问题都包括不同的子项，这样研究者就能及时发现被试在问题的哪个子项上停下来。实验结果表明，解决目前受约束的问题比自始至终受约束的问题的速度更快，而解决具有快速释放组的问题比具有紧密捆绑块的问题的速度更快。同时，眼动数据也证实了他们的三个初始预测：①障碍物影响了对问题的平均注视时间；②问题开始时的表示方式影响了对问题的分配，大部分注视时间落在值而不是操作上；③在顿悟时，对问题开始时表示方式的修正也影响了注意力的分配。从上述实验结果可以发现，该理论强调个体在对问题形成错误的初始表征后会遇到思维上的僵局，个体会采取消除限制、分解组块的方式重新对问题进行表征，以便最终解决顿悟问题。

关于表征变化理论的实验研究，克诺布里奇等（1999）用 4 种类型的火柴棍问题作为实验材料，提出并通过实验证明了在顿悟式问题解决中克服障碍的两种机制。在进一步研究中，用火柴棍方程式作为实验材料进行了眼球运动研究，结果表明，与不成功的问题解决者相比，成功的问题解决者逐渐将注意力转移到以前被忽视的关键信息上，形成了对问题空间的新表述，产生了对整个问题情景的顿悟，使问题得以解决。

还有研究者以肿瘤-激光辐射问题为实验材料，对眼动和问题解决之间的关系进行了研究，结果显示，成功的问题解决者有特定的注视模式，与不成功的问题解决者相比，成功的问题解决者在最后 30 秒内花更多的时间注视皮肤这个部件，将解决者的注意力转移到皮肤上，有助于问题解决期间推理的形成（Grant 和 Spivey，2003）。

有研究者对这两个理论所提出的预测同时进行了验证。研究者采用非限制性的停车场问题作为实验材料，对顿悟问题解决的认知机制进行了探讨，并检验了相关理论（Jones，2003）。结果表明，在变化了问题情境的简单版和旋转版中，被试解决问题更快，移动次数更少，结果支持了表征变化理论的预测。

（三）创造力的原型启发理论

基于创造力的顿悟性，心理学家们一直关注像爱因斯坦等发明家如何能够"独特地"从明显不相关的事物中获得顿悟。我国学者张庆林等人在对"残缺棋盘问题"进行深入思考和研究时，根据"原型启发"催化顿悟产生的普遍事例（王极盛，1981），提出了顿悟问题解决的"原型启发"理论（张庆林、邱江和曹贵康，2004）。该理论认为，在解决顿悟问题的过程中，适当的原型和它所包含的"启发信息"在大脑中被激活后，顿悟就会发生。这一理论中的原型是外部环境在个体大脑中的表征，即能够激发顿悟问题解决的是认知事件，而不是外部环境。顿悟的"原型启发"理论包括两个处理阶段：第一个阶段是"原型自动激活"，在这个阶段，激发顿悟的认知事件（原型）首先与当前的顿悟问题联系起来，然后激活原型及其包含的关键信息。只有当原型被成功激活时，它才能被成功用于激发顿悟。简单来说，原型的自动激活是指想到已知的东西（原型），对手头的问题有启发作用；第二个阶段是原型的"关键启发信息利用"，即想到原型中隐含的关键信息（如原理、规则、方法等），对解决手头的问题有启迪作用（田燕等，2011）。

原型启发理论提出后，经过研究者的初步验证（张庆林和邱江，2005；曹贵康、杨东和张庆林，2006；任国防、邱江和曹贵康等，2007；吴真真、邱江和张庆林，2008），证明了原型启发的两个加工阶段"原型自动激活"和"关键启发信息利用"是存在的。原型启发理论认为：①当个体在解决顿悟问题时，他们能够从表面上与顿悟问题无关的原型中获得启发信息，因为人脑具有一种"自动反应机制"。"自动反应机制"是指问题解决者在无意间发现表面上明显不相干的原型事物时，头脑中的"顿悟问题解决难题"会自动激活，这样原型包含的启发信息可以很容易地应用于"顿悟问题解决难题"的解决上（获得灵感），从而换用高效率的启发式搜索。②诸如爱因斯坦等高创造性的个体之所以能够"独具慧眼"，是因为他们在"大脑自动反应机制"上具有一定的优势。

未来的研究需要进一步探讨顿悟问题解决的认知机制，以解决顿悟理论的分歧，建立一个完整的顿悟问题理论体系。

第三节　顿悟问题解决的相关研究

一、顿悟问题解决的研究脉络

有关顿悟问题解决的理论解释从早期理论（如功能固着理论、思维定势理论）发展到现代理论（如进程监控理论、表征变化理论、创造力的原型启发理论）。除了研究者们对顿悟问题解决的认知机制探讨外，fMRI、EEG 等认知神经技术的高速发展，也为揭示顿悟的大脑机制提供了适合的技术手段，因此研究者们可以通过观察大脑在处理复杂信息时的活动状况，进一步揭示顿悟问题的本质。

早期有研究者发现，顿悟问题解决主要与前扣带回皮层（ACC）和前额叶皮层（PFC）的活动有关（Luo 和 Niki，2003；Luo et al.，2004）。中国研究者罗劲等人将传统的谜语作为实验材料来探讨顿悟问题解决，即研究者事先准备大量的谜语材料，将筛选好的谜语作为实验材料。在实验过程中，主试首先向被试呈现事先选择的谜语，让其进入对谜语解答的准备和思索状态，随后突然呈现谜底，被试在看到谜底的瞬间便会产生顿悟，从而达到向被试呈现标准答案来"催化"顿悟过程的目的（Luo 和 Niki，2003；Luo et al.，2004；罗劲，2004）。实验结果显示，在顿悟过程中有广泛的脑区参与了顿悟问题解决过程，包括双侧额上中下回、扣带前回、双侧颞上回及颞下回、楔前叶和海马等脑区。在后续研究中，罗劲等（2006）采用汉字组块破解任务进一步发现，早期的知觉过程对问题解决起到重要作用。

也有研究者同样利用谜语作为实验材料，采用 ERP 技术在加工的时间过程中，通过比较"有顿悟"与"无顿悟"答案引发的脑电差异，探索了问题解决过程中顿悟的认知加工过程。结果发现，相比"无顿悟"答案，呈现标准答案的"有顿悟"的波形在 250～500 毫秒内有一个更加负性的偏移，在额中央区活动最强，通过偶极子分析，他们认为该负成分可能起源于 ACC。这反映了顿悟问题解决过程中思维定式的打破主要与认知冲突有关（买晓琴等，2004）。而王婷等（2010）发现，"有顿悟"和"无顿悟"的谜题在呈现后的 1400 毫秒内诱发的脑电活动基本相同。在 1400～2500 毫秒内，相比"无顿悟"字谜，"有顿悟"诱发出一个更加负性的 ERP 成分，具体包括 1400～1700 毫秒（LNC1）、1700～2000 毫秒（LNC2）及 2000～2500 毫秒（LNC3）。分析结果显示，LNC1 主要起源于左侧额中回附近，可能与关键性启发信息的激活过程有关；而 LNC2 主要起源于左侧额叶，可能主要反映了思维定式的打破及新异联系的形成过程；LNC3 主要起源于后顶叶皮层附近，可能与猜中字谜后的情绪体验有关。

而邱江等（2006）使用中国字谜任务作为测试材料，利用 ERP 脑成像技术发现，与无顿悟的回答相比，个体顿悟和无法理解的答案在 320 毫秒内引发了更多的负偏差。研究者将差异波的发生脑区定位在 ACC 的 320 毫秒（N320）峰值潜伏期。因此，该 ERP 成分可能反映了旧思路和新的解决方案之间的认识冲突。随后，他们以原型激活理论为基础，同样采用字谜作为研究材料，使用学习-测验范式，探讨字谜任务下顿悟问题解决在脑中的变化，结果发现楔前叶、左侧额下回和额中回、枕下回及小脑主要参与了顿悟问题解决（邱江等，2010）。也有研究表明，当人们解决顿悟问题时，与解决其他普通问题相比,前者的脑电图在右侧颞叶上显示出高频伽马波的震荡活动,并且 fMRI 显示出右前颞上回的血氧含量的变化(Kounios 和 Beeman,2014)。

袁媛(2016)等采用多元方法,以言语类和视图类问题为实验材料,探究个体在解决过程中尝试解题阶段和答案闪现阶段的顿悟体验的心理与大脑机制实质。张忠炉等(2019)采用 ERP 技术,通过汉字拆解任务探讨了顿悟式组块破解的信息加工机制及神经动态变化,结果显示,与异类条件(移动部件是笔画,剩余部件是汉字)相比,同类条件(移动部件和剩余部件均为汉字)引发了更大的 N2 波动。他们认为,早期的 N2 效应可能表明在区块破解过程中存在识别困难,而后期的晚正复合波效应可能表明在区块破解过程中存在知觉转换困难。

二、顿悟问题解决的研究进展

(一)情绪对顿悟问题解决的影响

情绪是人类生命活动的基本组成部分,对人的心理活动,特别是认知加工活动存在广泛的影响。在国内外有关情绪与顿悟关系的研究中,研究者们多集中于探讨积极情绪和消极情绪两者哪种更有利于顿悟问题的解决,然而关于这个问题的结论仍不完全一致。有研究表明,积极情绪是影响创造性的重要预测变量。相比消极情绪,积极情绪会提高个体的创造性水平(Hirt et al.,2008),如积极情绪可以通过促进独创性、流畅性等提高个体的创造性水平(胡卫平等,2015)。伊森等(1987)通过 4 个实验探究了不同情绪状态对经典顿悟问题和远距离联想测验的影响,结果发现积极情绪状态下被试的成绩显著高于消极情绪状态下,这表明积极情绪促进顿悟问题的解决。

然而,也有一些研究发现消极情绪对顿悟问题解决具有促进作用。考夫曼等(1997)通过让被试观看视频,诱发其产生积极或消极的情绪,并将其分成不同情绪组,之后进一步研究了不同情绪对发散思维的影响,结果发现消极情绪对高级认知加工的促进作用。他们认为在一些重要的环境中,消极情境有利于个体发现创造力问题的解决方案,而积极情境下的方案缺少深思熟虑,也缺乏创造力。路德维格(1992)发现,抑郁和创造力之间显著相关。当个体处于负性情绪中时,对问题会有更全面深入的思考,从而产生更多灵感想法,进而提升创造力水平(Siffert 和 Schwarz,2011)。

此外,还有研究者提出顿悟体验具有情绪性。在个体解决问题时产生顿悟瞬间伴随产生的"啊哈"体验包含着多种的情绪成分,在这复杂多维的体验中，愉悦是主要的维度。因此，让个体拥有与情境一致性的愉快体验时，会提高其创造力表现，有利于问题的进一步解决（Mcpheron et al.，2016）。

（二）认知风格对顿悟问题解决的影响

认知方式（cognitive style）又称认知风格，指个体在信息加工过程中喜欢使用的一贯性方式，同时也是个体在认知活动领域里感知、记忆和在思维过程中所具有的稳定风格的体现。以往研究者主要通过测验区分个体的认知风格类型，测量其创造力得分，并探求这两者之间的相关性，主要分析集中在创造性的思维特性方面，而关于顿悟过程等的研究相对较少。已有研究发现，整体认知加工方式对创造力的促进作用表现为激活工作记忆中更广泛类别的想法，帮助将远距离的类别想法提取出来。而采用局部加工方式的个体更注重细节加工，从而缩小了个体的远距离类别想法（Schwarz 和 Bless，2007）。

李欣顿（2019）采用事件相关电位（ERPs）技术，从特质与状态两个角度分别探究了认知风格对情绪调节顿悟问题的影响及其机制。在该研究中，研究者以原型启发的字谜任务作为顿悟问题实验材料，以国际情绪图片库（IAPS）中的情绪图片作为情绪诱发材料，实验一考察了在不同认知风格状态（整体加工组和部分加工组）启动下，诱发的情绪对顿悟问题解决的影响及其脑机制。结果发现，不同的认知风格及情绪下，顿悟问题解决的正确率存在显著差异。具体来说，在整体认知风格启动的条件下，消极情绪状态被试完成顿悟问题的正确率显著高于积极情绪状态被试完成顿悟问题的正确率。而在局部认知风格启动的条件下，积极情绪状态被试完成顿悟问题的正确率显著高于消极情绪状态被试完成顿悟问题的正确率。脑电图结果表明，积极情绪和局部认知风格都诱发了更大的 N1 峰振幅，研究者认为这可能反映了个体可调动的注意资源的增加，而整体认知风格启动下消极情绪和局部认知风格启动下积极情绪均诱发了更负向的 N450 波幅和晚期 ERP 成分。实验二进一步从特质认知风格角度展开研究，得出不同认知风格与情绪对顿悟问题解决的正确率存在显著差异，整体认知风格的被试在消极情绪状态下完成顿悟问题的正确率显著高于积极情绪状态下，而局部认知风格的被试在积极情绪状态下完成顿悟问题的正确率显著高于消极情绪状态下。脑电图结果则与实验一类似，两组均诱发了更负向的 N450 波幅和晚期 ERP 成分。

（三）顿悟体验影响创造性问题解决

顿悟体验是伴随顿悟问题解决过程的体验，包括伴随题解闪现的"啊哈"

体验和因思维定式产生的僵局体验。有研究者发现，在个体解决问题时，前一问题解决时的思维定式及解题方式会妨碍或影响后续问题的解决效果。同样，当个体经历顿悟成功后，所带来的这种顿悟体验也可能会对创造性问题解决产生影响。研究者将这里提到的顿悟体验定义为一种特殊的成功体验，这种成功体验的反复经历会增加效果的持久性，会对个体后续活动产生影响。例如，有研究者对小鼠进行社会支配行为的研究后发现，对于具有同样能力的小鼠，先前拥有成功经验的小鼠会表现得更加优秀（如占领的地盘更多），同时发现这种成功经验与腹内侧前额叶（DLMPFC）的激活有关，该脑区的激活对于个体在竞赛活动中获取成功具有关键作用（Zhou et al.，2017）。

此外，邱等（2018）探讨了顿悟体验在消极情绪的认知重评过程中发挥的作用。在实验过程中，研究者在诱发被试消极情绪后，将其随机分配到顿悟重评组、一般重评组及对照组，通过顿悟体验量表、情绪量表测量认知重评的效果。他们认为个体的顿悟体验可以帮助他们对所面临的问题进行认知重评，从而减少其消极情绪。结果发现，顿悟经验在重新评价和减少负面情绪之间发挥着中介的作用。

（四）具身因素对顿悟问题解决的影响

1980 年，莱考夫和约翰逊根据大量的研究结果，提出了具身认知理论，开启了具身认知（embodiment cognition）研究的时代。具身认知理论的提出引起许多心理学家的兴趣，具身认知理论认为，知识的表征是通过具体的形式符号或感知觉符号，而不是抽象的跨通道符号（Lakoff 和 Johnson，1999），即对于世界的认识是从自己的身体开始的。21 世纪初期，研究者们开始尝试研究相关动作能否引导顿悟问题解决。以往有关具身对认知影响的研究将具身分为两种情况，即内在身体结构及状态和外在身体活动与环境交互经验，认为两者都会影响个体的认知，而且其中大多数具身因素直接影响了顿悟的产生和顿悟问题的解决。

身体经验对顿悟问题解决的影响集中在身体与环境交互经验方面。例如，一些与顿悟问题内容相关的感知经验和身体动作可以促进顿悟问题的解决，比如在解决六根火柴问题时，与对照组相比，手中有实物火柴的个体在解决六根火柴问题时表现得更好（Murray 和 Byrne，2013）。一些研究者认为，个体的弱知觉经验是顿悟问题解决的关键。打破僵局实现顿悟需要激活弱知识和新替代方案，通过激活扩散来提高弱知识的激活水平，或者通过扩大注意范围、增加注意灵活性来提高弱知识激活的可能性，从而促进顿悟问题的解决（黄福龙等，2018）。

　　身体结构（如大脑结构）对顿悟问题解决的影响集中在脑结构激活的不同上。例如，采用经颅直流电刺激（tDCS）技术（一种低强度直流电调节大脑皮层神经元活动的技术）来研究脑部神经活动与顿悟的关系，通过对被试大脑进行刺激后发现，与控制组相比，用经颅直流电短暂刺激不同的脑区会导致个体解决六根火柴问题时的表现不同，由此认为不同脑区的经颅直流电刺激可以激发顿悟的产生（Chi 和 Snyder，2011）。雷韦尔贝里等（2005）的研究发现，大脑背外侧前额皮层受损的个体在解决常规（非顿悟）问题时的效果与控制组没有显著差异，但解决顿悟问题的效果显著优于控制组。因此，研究者认为大脑背外侧受损促进了顿悟的产生。这可能是因为神经活动的变化和大脑受损这种相关脑部结构的变化有助于个体打破心理定势，形成不同于正常人的新的问题表征，激发了顿悟的发生。

　　身体状态对顿悟问题解决的影响集中在睡眠状态下，有研究者发现睡眠能促进顿悟的产生。蔡等（2009）在前人研究的基础上发现，快速眼动睡眠组被试的远距离联想测验任务的成绩显著优于安静休息组和非快速眼动睡眠组。他认为睡眠通过促进联结网络的形成和非联结信息的整合来使个体产生顿悟。此外，有研究者还发现，冥想可以直接促进顿悟发生（Ding et al.，2014）。研究显示，在积极情绪调节条件下，个体在冥想训练后，解决顿悟问题的效果更好（郭英慧等，2018）。任等（2011）还发现维持专注和警戒状态的冥想会促进更多顿悟问题的解决，且代表大脑处于休眠状态的 α 波可以反向预测解决顿悟问题的效果，他们认为是冥想中的警觉专注，而不是放松休息促进了顿悟，且当个体在陷入解决顿悟问题的心理僵局时，中途休息且经过冥想的实验组被试在之后顿悟问题解决过程中的表现效果要优于控制组（束晨晔等，2018）。奥斯塔芬和卡斯曼（2012）探究了冥想与顿悟问题的关系，结果发现冥想训练可以促进倒金字塔问题、囚犯绳索问题和古币问题这些经典顿悟问题的解决，但是无法促进常规问题的解决，且在控制积极情绪后结果并未发生改变。有研究者认为冥想训练激活了个体的"非概念性觉知"，使其放弃了原有的习惯化的思维方式，减少了习惯化的语言经验，促进了顿悟问题的解决。

　　身体动作（包括个体的眼动、手臂活动、手势等）对顿悟问题解决会产生影响，如有规律的眼动确实有助于被试解决顿悟问题。有研究者选取托马斯等（2007）的镭射-肿瘤任务作为实验材料，研究发现，他人的眼动模式能指导被试解决顿悟问题。在实验过程中，研究者在被试解决该问题之前首先呈现一段已经记录好的成功解决问题者的眼动轨迹录像，结果发现，虽然观看眼动轨迹录像和自然凝视追踪行为所引发的不是完全一致的认知加工，且没有被试发现数字追踪任务和当前问题之间的线索提示作用，但那些以体验问题解答模式来移动眼睛的被试的问题解答成功率更高，即观看这一录像后的被试的问题解决成功率也明显高于控制组被试（Litchfield 和 Ball，2011）。在手臂活动方面，有研究者发现手臂弯曲状态下的被试解决顿悟问题时的表现更好，他们认为手臂弯曲会使个体诱发探索性的加工方式（Fridman，2000）。摆动手臂的动作可以激活相关的大脑皮层运动，如在解决双绳问题时给予解决问题的某种提示，从而提高顿悟问题解决的效率（Thomas 和 Lleras，2009）。有研究从不同的动作启动方式出发，探讨了启动方式的不同对被试解决顿悟问题的影响（Werner 和 Raab，2013）。在双绳问题中，他们让一组被试完成前后手臂摆动训练，另一组被试完成上下桌子的动作，结果发现，两组被试解决问题的方式存在明显的不同：前后摆臂训练启动组被试偏向于使用绳子绑住小工具完成双绳任务；而上下桌子训练启动组的被试更多地选择攀爬到小茶几上将两绳系在一起。同样地，水罐分水任务的结果也显示不同的动作启动方式导致被试在解决策略选择上存在差异。刘宏宇（2016）选择跟随音乐打手势节拍作为动作启动方式，采用九点四线问题探究了身体动作对顿悟问题解决的作用，结果发现从左下向右上的第一手势节拍（与解决九点四线问题的关键启发信息一致的动作启动），促进了被试顿悟问题的解决。手势作为身体活动的一种特别表现，经常在我们说话、思考或与他人交流时产生。已有许多研究表明，手势会影响认知。易仲怡（2019）通过设计不同类型的手势，采用行为实验法，通过 3 个实验探讨了手势对空间顿悟问题解决的影响。研究发现，身体动作（手势）促进了空间顿悟问题的解决，与肿瘤-辐射问题相关的手势可以促进顿悟问题的解决，同时验证了匹配的手势对空间顿悟问题解决的原型启发效应。

（五）思维模式对顿悟问题解决的影响

　　思维模式在创造力领域是指个体对创造力来源和本质的信念，如研究者将思维模式分为固定型思维模式和成长型思维模式。固定型思维模式的个体认为创造力是不可提升、不能发展的；而成长型思维模式的个体相信创造力是可塑造、可改变的能力（Karwowski，2017）。康纳等（2013）使用创造性成就问卷测量创造力水平，发现成长型思维模式的个体表现出更高的创造性成就。此外，研究者发现固定型思维模式与顿悟呈显著负相关，成长型思维模式与顿悟呈显著正相关，并且成长型思维模式与顿悟问题解决之间的关系受到固定型思维模式的调节（Karwowshi，2014）。

在对留守儿童的研究中，研究者发现成长型思维模式对留守儿童心理韧性起保护作用，能够增强儿童抵抗逆境的能力，进一步对创造性问题解决起到促进作用（宋淑娟、许秀萍，2019）。但与之不同的是，穆恩克斯等（2020）的研究表明，固定型思维模式通过影响心理脆弱性进而影响学习投入、兴趣和课堂表现，固定型思维模式与创造性表现呈正相关。

（六）执行功能对顿悟问题解决的影响

执行功能是完成人类复杂行为的先决条件，是指个体在完成复杂的认知任务时，对各种认知过程进行协调，保证认知系统以灵活、优化的方式完成特定目标的一般性控制机制（周晓林，2004）。有研究者提出了执行功能参与创造性顿悟的双加工模型，认为执行功能并非固定不变地以某种方式参与创造性顿悟过程，它至少能以两种方式影响创造性顿悟。

邢强等（2017）通过两个实验探讨了执行功能对顿悟问题解决的影响。研究结果发现，执行功能影响了顿悟问题解决，其主要影响是在顿悟问题解决过程中的问题空间搜索阶段，而表征重组阶段是一个突发的过程。实验 1 初步探讨了执行功能与个体顿悟之间的关系，发现个体的执行功能与顿悟问题解决表现之间呈显著正相关，个体的刷新功能对顿悟表现有明显的预测作用，高工作记忆刷新能力的个体解决顿悟问题所需反应时显著小于低工作记忆刷新能力个体。实验 2 利用行为实验和 ERP 探讨了执行功能对言语顿悟问题解决的影响，采用中文字谜任务。行为实验发现，工作记忆刷新能力高的个体的反应时间明显低于工作记忆刷新能力低的个体，这表明执行功能的工作记忆刷新子成分影响了顿悟问题的解决。脑电图结果显示，与"无顿悟"条件相比，"顿悟"条件诱发了更强的早期成分 P2 和 N2，以及中后期的 P3。

卡玛达等（2018）认为解决问题时抑制占优势的加工路径的能力是产生创造性想法的关键。在实验 1 中，他们使用双任务范式来减少参与者在执行创造性任务时的认知抑制，即参与者被要求提出尽可能多的创造性解决方案，以防止鸡蛋从 10 米的高度掉落时破裂。结果发现，抑制性控制负荷降低了流动性和扩展性方面的创造力。研究者在第二个实验中研究了辅助工作记忆（WM）任务下的双重任务成本，结果表明，WM 负载对创意构思没有显著影响。就顿悟而言，该研究表明当个体在表征阶段信息负荷较大时，其顿悟与工作记忆呈正相关。

执行功能中的工作记忆成分主要参与了言语和视觉创造性顿悟过程。张心如等（2019）采用顿悟-分析自我报告范式，以远距离联想任务为实验材料，从工作记忆能力和工作记忆负荷的角度研究了工作记忆对顿悟和分析性问题解决的影响。结果显示，工作记忆能力高的个体在分析性问题解决方面的表现比工作记忆能力低的个体好，但在顿悟性表现方面没有明显差异；工作记忆负荷低的个体在分析性问题解决中表现更好，但对顿悟性表现没有影响。这表明，通过分析解决创造性问题的表现取决于工作记忆的支持，而顿悟的表现则与工作记忆无关。此外，吕凯等（2015）也曾采用多种工作记忆广度任务和言语、空间顿悟任务探讨在顿悟问题解决不同阶段中工作记忆的作用，研究结果发现，顿悟问题解决包含的两个阶段，即初始搜索阶段与重构阶段，工作记忆主要影响初始搜索阶段，具体表现为个体的工作记忆能力越强，初始搜索阶段所需时间越短。随后，吕凯等（2016）利用多种抑制功能任务（如 Stroop 任务、潜伏抑制任务等）和言语类顿悟问题进一步探讨了抑制功能在顿悟问题解决过程中的作用，研究结果发现，抑制功能主要对顿悟问题解决的重构阶段起作用，自发性侧抑制功能和主动性抑制功能对顿悟问题解决均会产生不利影响。

（七）幽默对顿悟问题解决的影响

自 20 世纪 80 年代以来，许多研究者探讨了幽默和创造性之间的关系。有研究者以青少年为被试，考察了幽默感及幽默风格对创造性人格的影响，结果发现，幽默感和积极的幽默风格显著正向影响个体的创造性人格（Lew 和 Park，2016）。大多数研究采用的是托兰斯创造性思维测验，侧重于考察个体的发散思维，缺乏幽默与其他创造性思维（如顿悟）的实证研究。

许多理论模型认为幽默是创造性思维的一个组成部分。有研究发现，顿悟与幽默理解激活了相同的脑区域，即顿悟和幽默的心理事件都伴随着 400 毫秒左右的额中央区负波（N400），以及前扣带回、顶颞叶联合区和前额叶等脑区的活动。这证实了顿悟与幽默拥有相同的脑神经机制。此外，幽默产生和理解的过程在很多方面与解决问题的顿悟过程相似。幽默可以提高创造性解决问题的能力这一结论在各种研究中反复得到证实，然而，这种现象背后的机制尚不清楚。对于幽默如何促进创造性问题解决的可能机制，有研究发现，与中性情境相比，幽默产生情境下的被试解决顿悟问题的速度明显更快（Korovkin 和 Nikiforova，2015）。初步的幽默产生有助于顿悟问题的解决，但在非顿悟问题中没有这种影响。另一方面，对不同表征形式的问题解决数据表明，压力缓解和幽默同样影响问题解决。在顿悟问题解决中，"跳出框框"思考和克服功能固着的可能机制之一是放松策略，压力缓解和幽默都显著影响视觉顿悟问题解决，这意味着压力缓解和幽默对顿悟问题的影响可能是一样的。放松（或实验条件下的压力缓解）可能是促进顿悟问题解决的一个重要影响因素，特别是对于视觉顿悟问题。

吴洁清（2018）进一步探讨了幽默对顿悟问题解决的认知机制，同时采用 ERP 技术进一步探讨幽默对顿悟问题解决影响的动态过程，从神经机制层面揭示幽默对顿悟问题解决的影响。研究结果发现，幽默能够促进个体顿悟问题的解决，幽默条件的顿悟问题正确率显著高于非幽默条件，新颖语义关联条件的 N400 平均波幅显著大于寻常语义关联条件，幽默条件的 LPC 后半段平均波幅显著小于非幽默条件。

综上，近年来关于顿悟的研究在不断丰富，尤其是 ERP、fMRI 和脑成像等认知神经技术研究，进一步揭示了顿悟的认知神经机制的特点。目前顿悟研究主要采用经典顿悟问题或者字谜问题，但也有研究者提出问题的难度可能会影响实验结果（武任恒等，2015）。因此，未来研究可进一步探索更具有生态效度的顿悟问题，扩展顿悟的相关研究，将顿悟研究应用于教育和生活实践中。

第四节　创造性问题解决的抑制解除机制研究

一、问题提出

目前，心理学界普遍认为问题解决中顿悟的产生需要在一定程度上松懈不必要的约束。例如，克诺布里希等（Knoblich et al., 1999）认为过去的经验影响被试对问题的初始表征，错误的初始表征阻碍问题解决，因此，要想解决问题就必须改变表征。洛克哈特和布莱克本（Lockhart 和 Blackburn, 1993）认为，过去信息的呈现会激活长时记忆中的概念性的结构，这是对问题或问题解决方法进行心理表征的关键。当问题解决者获得了合适的概念表征方式，解决方法就伴随着主观性的"啊哈"情感的顿悟来到思维中。

顿悟产生的关键是问题解决者能够及时准确地变换对问题的表征，促使问题解决者变换问题表征的因素是多方面的，其中启发或概念启动对松懈约束所起的作用越来越得到认知心理学家们的关注。克罗尼克等（Chronicle et al.，2001）采用不同形式的提示对九点问题进行了实验研究，结果表明，提供阴影形式的知觉线索对成绩只有很小的促进作用，与阴影相关的额外的提示起到中等程度的促进作用，但并不显著；在此基础上加一个"可以穿过问题形状的知觉界限"的口头提示，成绩只得到轻微的促进；向被试提供解决其他变异的九点问题的经验，结果被试解决九点问题的能力仍然很差。这些结果表明，视觉约束松懈不是问题解决过程中顿悟产生的唯一加工过程。吉布森（2004）探讨了相关信息的加工对顿悟问题解决的作用，结果表明，相对于控制组被试和只对与目标解决相关的单词进行浅显加工的被试来说，对与目标解决相关的物体进行深层次概念加工的被试更容易想出解决方法，实验结果支持概念启动效应对顿悟问题解决起促进作用这一结论。陈等（2000）测试了给抽象信息附加不同的例子对顿悟问题解决的促进作用。结果表明，主试给被试提供一个例子和让被试自己想出一个例子对顿悟问题解决都有促进作用，且问题解决者自己想出例子对顿悟问题解决的促进作用更大。同时，也有研究者指出，提示对顿悟问题解决是否有作用还取决于被试能否清楚地意识到提示与问题解决有关。张庆林等（2005）的研究表明，在顿悟问题解决阶段，只有激活学习阶段获得的源事件所包含的启发信息，才能成功解决顿悟问题。但并非所有激活源事件的被试都能成功解决九点问题，这取决于从源事件中所提取的启发信息的质量。

眼动记录法更好地体现了心理学实验的生态学效度，也有研究者尝试用眼动技术所特有的实时追踪技术来研究顿悟问题解决的隐秘过程，考察成功解决者和未成功解决者的眼动差异，从而获得顿悟产生的关键信息。克诺布利希等（2001）对火柴棒算式顿悟问题进行了眼动研究，结果表明，相对于未成功解决者，成功解决者在解题过程中的注视点有较大的跳跃，并逐渐将注意力转移到先前被忽视的关键信息上来，对问题空间形成新的表征，产生对整个问题情境的顿悟，使得问题得以解决。琼斯（2003）以非限制性的停车场作为实验材料进行了顿悟问题解决的眼动研究，结果表明，相对于未成功解决者，成功解决者在顿悟之前较多地注视了停车场右半部分的区域。另外，人们解决问题的能力在很大程度上也受到人格特征的影响。马丁森（1995）的研究表明，顿悟解决者的认知风格会影响顿悟问题解决，过去的经验对顿悟问题解决的影响取决于解决者的认知风格取向。

本书试图根据眼动指标来系统地研究启发信息对不同认知风格解决者顿悟问题解决的影响，然后考察启发信息对成功解决者和未成功解决者顿悟问题解决影响的差异。

二、实验 1：启发信息对个体顿悟问题解决影响的眼动研究

（一）实验目的

本实验以经典的火柴棒算式顿悟问题为实验材料，使用眼动记录法，探讨顿悟问题解决的认知机制，以及不同认知风格的个体顿悟问题解决的差异。

（二）研究方法

1. 被试

实验的被试为大学二年级学生 59 人，其中男生 20 人、女生 39 人，平均年龄为 20.67 岁。每个被试完成实验之后可以获得一份礼物。

2. 实验设计

采用 2×2×2×5 多因素混合实验设计，即 2（启发条件：有、无）×2（认知风格：场独立型、场依存型）×2（问题类型：问题 A、问题 B）×5（兴趣区：第一个加数、加号、第二个加数、等号和结果），其中启发条件和认知风格为被试间变量，问题类型和兴趣区为被试内变量。

3. 研究工具

采用北京师范大学辅仁应用心理发展研究中心编制的"镶嵌图形测验"来测量个体的认知风格。选取测验分数在上下一个标准差范围内的被试，选取场独立型被试 29 人，场依存型被试 30 人。

4. 研究材料

采用火柴棒算式问题。问题 A ［见图 7.10（a）］：将 3 的火柴棒移动一根后变成 2 即可解决问题。个体对这类问题存在的约束为数值的约束，即只要改变数值即可解决问题。问题 B ［见图 7.10（b）］：将加号变成等号，则等式成立。约束个体解决这类问题的是符号，大部分人会尝试保留加法算式，只移动数值来让等式成立，问题的解决必须解除这种抑制，明白 3＝3＝3 也成立。

（a）　　　　　　　　　　　　　（b）

图 7.10　火柴棒摆成的两个问题

实验材料呈现的字体、背景颜色、位置、呈现顺序一致，所有指导语通过屏幕呈现。为了控制材料可能带来的顺序效应，一半被试先解决问题 A，一半被试解决问题 B。

5. 实验仪器

美国应用科学实验室（ASL）生产的 504 型眼动仪，采样频率为 50 赫兹。实验过程中，被试将下颌固定在支架上，额头紧靠支架，实验过程中保持头部基本固定。

6. 实验程序

先进行认知风格测验，挑选出场独立型和场依存型被试进入火柴棒算式问题解决实验。要求被试只移动一根火柴棒，让屏幕上呈现的等式成立，并且火柴棒只能从一个位置移动到另一个位置，且火柴棒的总数量保持不变。每题完成时间为 5 分钟。实验开始前，先让被试熟悉火柴棒算式摆放出来的数字及符号（见图 7.11），然后进入正式实验阶段。

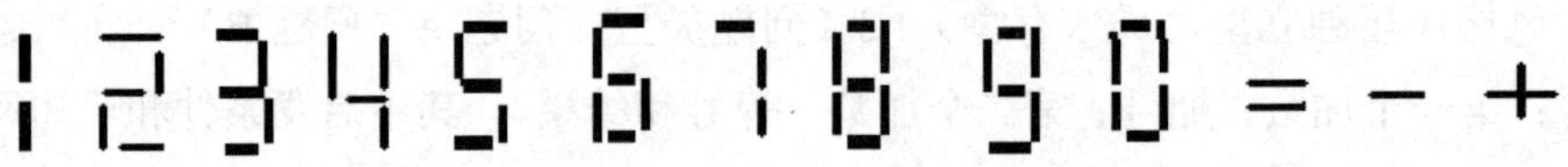

$$1234567890=-+$$

图 7.11 火柴棒摆成数字和符号的示意图

随机分配被试进入有启发条件和无启发条件的实验。在有启发条件下，主试给被试讲解火柴棒数字和符号通过移动一根火柴棒变化的方法，然后让被试尝试进行变换，而无启发条件则没有这一过程。被试知道问题答案时马上告诉主试，如果正确解决，则进入下一题，否则继续解决，直到 5 分钟时间结束。

7. 眼动指标

本研究采用的眼动指标如下。

（1）兴趣区（area of interest，AOI）：是指研究者感兴趣的被试对刺激注视的区域。本研究将算式的每个部分划为一个兴趣区：兴趣区 1 为"第一个加数"，兴趣区 2 为"加号"，兴趣区 3 为"第二个加数"，兴趣区 4 为"等号"，兴趣区 5 为"结果"。兴趣区的划分如图 7.12 所示。

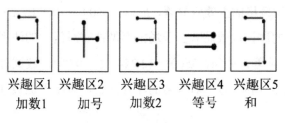

图 7.12 兴趣区的划分

（2）注视次数：注视点的个数。

（3）瞳孔直径（pupil diameter）：反映被试认知加工时的心理负荷情况。

（三）结果

1. 成功解决问题者的眼动分析

（1）注视次数

对场独立者和场依存者在有无启发条件下对各兴趣区内的注视次数进行统计分析，结果见图 7.13。

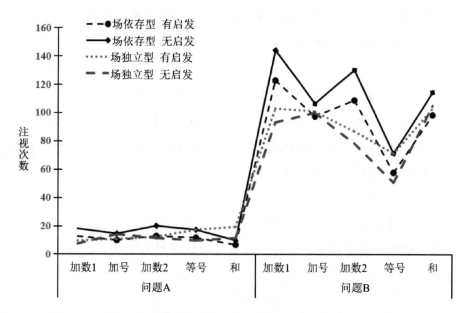

图 7.13 场独立者和场依存者在不同启发条件下对各兴趣区的注视次数

经过多因素方差分析，结果发现：问题类型的主效应非常显著，$F(1, 350) = 1153.722$，$P < 0.001$，被试对问题 A 的注视次数显著少于对问题 B 的

注视次数；认知风格的主效应显著，$F(1, 350)=10.370$，$P<0.01$，场独立型被试对问题的注视次数显著少于场依存型被试对问题的注视次数；兴趣区的主效应非常显著，$F(4, 350)=12.244$，$P<0.001$，被试对加数 1 的注视次数显著多于加号和等号，对等号的注视次数显著小于加数 1、加号、加数 2、和。

问题类型和认知风格的交互作用显著，$F(1, 350)=7.924$，$P<0.01$。进一步简单效应分析发现，当解决问题 B 时，场独立型被试对问题的注视次数显著少于场依存型被试，$F(1, 193)=7.524$，$P<0.01$，而两组被试对问题 A 的注视次数无显著差异。认知风格和启发条件的交互作用显著，$F(1, 350)=11.913$，$P<0.01$。进一步简单效应分析发现，当无启发时，场独立型被试对问题的注视次数显著少于场依存型被试，$F(1, 193)=5.641$，$P<0.05$；当有启发时，场独立型被试和场依存型被试的注视次数无显著差异。问题类型和兴趣区的交互作用显著，$F(4, 350)=14.233$，$P<0.001$。进一步分析发现，被试对问题 A 的 5 个兴趣区的注视次数差异不显著，对问题 B 的 5 个兴趣区的注视次数差异显著，$F(4, 191)=13.083$，$P<0.001$，对加数 1 的注视次数显著多于加号和等号，对加号的注视次数显著多于等号，对等号的注视次数显著小于其他兴趣区。认知风格和兴趣区的交互作用显著，$F(4, 350)=4.685$，$P<0.01$。进一步简单效应分析发现，场独立型被试对等号的注视次数显著少于其他兴趣区，$F(4, 185)=2.401$，$P<0.05$。其他因素的主效应和交互作用均不显著，不一一列出。

（2）瞳孔直径

人在进行认知活动时，其瞳孔直径会发生变化，瞳孔直径越小，表明被试的加工效率越高。对被试解决顿悟问题时的瞳孔直径进行分析，结果见图 7.14。

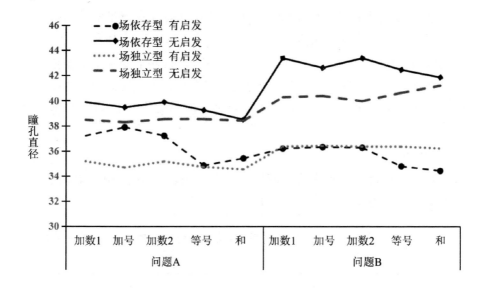

图7.14 场独立者和场依存者在不同启发条件下对各兴趣区的瞳孔直径

经过多因素方差分析发现：问题类型的主效应显著，$F(1,350)=19.282$，$P<0.001$，被试解决问题A时的瞳孔直径显著小于被试解决问题B时的瞳孔直径；认知风格的主效应显著，$F(1,350)=9.334$，$P<0.01$，场依存者的瞳孔直径显著大于场独立者的瞳孔直径；启发条件的主效应显著，$F(1,350)=171.949$，$P<0.001$，无启发条件下的瞳孔直径显著大于有启发条件下的。

启发条件和问题类型的交互作用显著，$F(1,350)=12.838$，$P<0.01$。进一步分析发现，在有启发的情况下，被试解决A和B问题时的瞳孔直径差异不显著，而无启发条件下，解决问题B时的瞳孔直径显著大于解决问题A时的瞳孔直径（$P<0.001$）。启发条件、认知风格和问题类型三者的交互作用显著，$F(1,350)=7.496$，$P<0.01$。简单效应分析发现：①解决问题A时，认知风格和启发条件的交互作用不显著；②解决问题B时，认知风格和启发条件的交互作用显著，$F(1,192)=11.514$，$P<0.01$，有启发条件下，场独立型的大学生解决问题时的瞳孔直径显著小于场依存型的大学生的瞳孔直径，$F(1,192)=9.273$，$P<0.01$，而无启发条件下，不同认知风格被试解决问题时的瞳孔直径差异不显著。

其他因素的主效应和交互作用都不显著。

2. 成功解决者和未成功解决者的眼动比较分析

问题A不存在未成功解决问题的被试，在此只对问题B进行分析，而按认知风格对未成功解决问题的被试进行分类没有充足的数据，这里没有考虑认知风格这个因素，所以我们对成功解决问题 B（39 人）和未成功解决问题 B 的被试（20 人）在不同启发条件下的眼动数据进行分析。另外，分析被试在问题解决的最后阶段（30 秒）对问题的 5 个兴趣区的注视特点，探讨成功解决者和未成功解决者在不同启发条件下的差异。

（1）注视次数

对于成功解决者和未成功解决者在问题解决的最后 30 秒对问题的 5 个兴趣区的注视次数进行分析，结果见表 7.1。

表 7.1　成功解决者和未成功解决者在解决问题的最后 30 秒对各兴趣区的注视次数

单位：次

兴趣区	成功解决者		未成功解决者	
	有启发	无启发	有启发	无启发
1	17.76（3.67）	17.77（3.41）	21.71（3.20）	17.92（3.73）
2	22.00（8.18）	19.73（4.05）	18.86（6.01）	17.69（3.92）
3	18.18（4.07）	16.50（6.13）	21.71（3.20）	15.92（3.23）
4	16.00（4.87）	17.36（4.45）	17.14（6.34）	20.54（4.05）
5	17.29（5.14）	18.27（4.81）	12.71（4.61）	19.23（2.49）

经过多因素方差分析发现：问题解决与否和兴趣区的交互作用显著，$F_{(4, 275)} = 2.886$，$P < 0.05$。进一步简单效应分析发现，成功解决者对兴趣区 4（等号）的注视次数显著少于其他兴趣区，$F_{(1, 57)} = 3.375$，$P < 0.01$；未成功解决者对 5 个兴趣区的注视次数无显著差异。

启发条件和兴趣区的交互作用显著，$F_{(4, 275)} = 5.559$，$P < 0.05$。进一步简单效应分析发现，在有启发的条件下，被试对各兴趣区的注视次数存在显著差异，$F_{(4, 115)} = 3.759$，$P < 0.01$，对兴趣区 2 的注视次数显著大于兴趣区 4 和兴趣区 5，兴趣区 3 显著大于兴趣区 5；在无启发的条件下，对各兴趣区的注视次数无显著差异。

（2）瞳孔直径

分析成功解决者和未成功解决者在问题解决的最后 30 秒对 5 个兴趣区的瞳孔直径（机器值），结果见表 7.2。

表 7.2　成功解决者和未成功解决者在问题解决的最后 30 秒对各兴趣区的瞳孔直径

单位：机器值

兴趣区	成功解决者		未成功解决者	
	有启发	无启发	有启发	无启发
1	36.55（2.96）	39.46（3.34）	38.49（4.78）	37.81（2.64）
2	36.84（3.37）	38.07（2.78）	38.12（5.51）	37.60（3.88）
3	37.97（4.71）	38.44（3.38）	39.11（3.29）	37.33（4.33）
4	36.47（4.23）	39.77（4.84）	38.27（3.13）	36.18（3.41）
5	37.64（2.61）	38.26（3.85）	39.03（4.74）	39.56（4.02）

经过多因素方差分析发现：问题解决与否和启发条件的交互作用显著，$F(1, 275) = 7.435$，$P < 0.01$。进一步简单效应分析表明，对于成功解决者来说，其在有启发的条件下的瞳孔直径显著小于在无启发条件下，$F(1, 193) = 10.409$，$P < 0.01$；对于未成功解决者来说，其在有启发和无启发条件下的瞳孔直径没有显著差异。

（四）讨论

1. 启发信息对不同认知风格个体顿悟问题解决的影响

实验结果发现，认知风格和启发条件的交互作用显著，在无启发条件下，场独立型被试对问题的总注视时间和注视次数都显著小于场依存型被试，即在无启发的条件下，相对于场依存型被试，场独立型被试对问题的深加工能力更好，这表明场依存型被试在解决问题的时候更依赖启发信息来促进顿悟。

研究表明，瞳孔直径是测量认知加工活动中资源分配和加工负荷的重要指标（Martinsen，1995）。测试结果发现，被试在有启发情况下解决问题时的瞳孔直径显著小于无启发的情况；当解决需要松懈符号约束的问题 B 时，认知风格和启发条件的交互作用显著，在有启发的条件下，场独立型被试解决问题时的瞳孔直径显著小于场依存型被试的瞳孔直径。瞳孔放大往往意味着认知活动中需要更大的加工负荷和心理努力（Verney et al.，2004）。李勇等（2004）的研究结果表明，心理负荷增大导致瞳孔直径增加。因此，本实验结果表明，在解决表征变换难度更大的问题时，相对于场依存者，场独立者能够更有效地利用启发信息来减小表征变换时的心理加工负荷，进而提高加工效率。

2. 启发信息对成功解决者和未成功解决者顿悟问题的影响

实验结果表明，被试对加数 1 的注视次数显著多于加号和等号，这表明被试在顿悟问题解决过程中对第一个数值存在偏爱。启发条件和兴趣区的交互作用显著，在有启发条件下，相对于未成功解决者，成功解决者对兴趣区 2 的注视次数显著大于兴趣区 4 和 5，这表明成功解决者有效地利用了启发信息，并促使自身对问题的表征从数值表征转变为符号表征。此外，研究结果发现，问题解决与否和启发条件的交互作用显著，对于成功解决者来说，在有启发的条件下，其瞳孔直径显著小于在无启发的条件下，这表明启发信息减小了问题解决者的心理加工负荷，从而使其更容易产生顿悟。采用肿瘤-激光放射线问题作为实验材料的问题解决的研究表明，成功解决问题者有特定的注视模式（Grant 和 Spivey，2003）。相对于未成功解决者，成功解决问题者在最后 30 秒对皮肤这一成分的注视时间更多，将解决者的注意转移到关键成分（皮肤），有助于问题解决过程中顿悟的产生。

（五）结论

在本研究的基础上可以得出如下结论：①相对于场依存型个体，场独立型个体能够更有效地利用启发信息来减小表征变换时的心理加工负荷，进而提高加工效率；②启发信息促进问题解决者对问题的表征从数值表征转变到符号表征，从而成功地产生了顿悟。

三、实验 2：四巧板顿悟问题解决中抑制解除的启发效应研究

（一）实验目的

采用四巧板（T puzzle）问题，设置两种类比启发方式，探讨其对四巧板顿悟问题解决中抑制解除的影响，并分析不同认知风格个体对两种不同类比启发方式的利用效果。

（二）研究方法

1. 被试

实验选取 50 名大学生作为被试，其中男生 18 人、女生 32 人，平均年龄为 20.5 岁，每个被试完成实验之后可以获得一份礼物。

2. 实验设计

采用 2×2 实验设计，即 2（启发条件：具体启发、原型启发）×2（认知风格：场独立型、场依存型）实验设计，均为被试间变量。实验材料的实物

是一样的，保持实验室安静，所有指导语统一印刷在纸上。

3. 实验材料

由四块形状各异的木块组成四巧板。四块单独的木块形状见图 7.15。实验包括两种练习任务，在此过程中给予被试两种不同程度的启发信息。

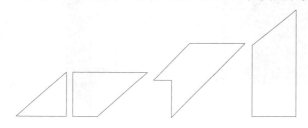

图 7.15　四巧板中的四块木块示意图

4. 实验程序

实验采用一对一测试。被试坐在计算机显示屏前面，主试坐在被试旁边。被试面前的空白桌面上放着四巧板实物，可以实际操作，主试根据实验进程需要操作计算机中的幻灯片。实验分为两部分：启发过程和目标 T 型实验任务。

（1）具体启发条件

指导语如下："同学你好！现在有四块形状各异的木块，请你用这四块木块摆成一个如图（给被试呈现图 7.16）所示的'T'形。注意，'T'形的每条边都是水平的或垂直的，'T'形的每个角都是直角。你可以在摆图形的同时说出你的想法或假设的想法。在实验之前，我们先进行一个练习任务，请你认真体会该任务对要进行的实验任务的启发。现在请看这幅图（给被试呈现图 7.17），将门从完全关闭的状态打开到与墙垂直的状态后，从门的上方俯瞰门与墙的位置，就像'T'形中横与竖的关系。"

图 7.16　实验目标任务"T"形示意图

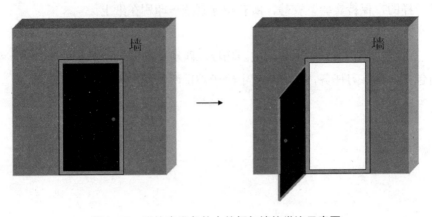

图 7.17　具体启发条件中的门与墙的类比示意图

（2）原型启发条件

指导语如下："同学你好！现在有四块形状各异的木块，请你用这四块木块摆成一个'T'形。注意，'T'形的每条边都是水平的或垂直的，'T'形的每个角都是直角。你可以在摆图形的同时说出你的想法或假设的想法。在实验之前，我们先进行一个练习任务，请你认真体会该任务对要进行的实验任务的启发。现在请看这幅图［给被试呈现图 7.18（a）的箭头示意图］，请你尝试用手中的四块木块摆成如图所示的箭头图形。"本实验限时 1 分钟。在被试对这个问题进行了初步尝试之后，主试给被试呈现图 7.18（b）的箭头图答案，图中四种不同灰度的图形代表被试面前的四块木板，请被试按照图中所示，将木块重新摆成箭头图形。

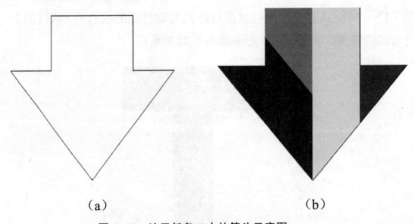

（a）　　　　　　　　　　　　　（b）

图 7.18　练习任务二中的箭头示意图

　　主试等待被试将箭头图形摆好，并请被试说出在摆图形的过程中认为哪块木块的位置最难处理，或者自己认为答案图形的摆法在哪个地方与自己的想法不一样或自己没想出来。主试根据回答引导被试认清那块不规则图形的内缺角在拼图过程中的特殊作用，并请被试在实验过程中将自己的想法说出来。

　　实验任务的完成时间为 10 分钟，时间到即停止实验。在实验过程中，主试用秒表记录每个被试摆对内缺角位置的时间和完成任务的总时间。实验结束后，主试要求被试根据这两种启发条件对其解决问题的作用进行 5 点评定，启发作用从 1 到 5 依次增大。

（三）实验结果

　　被试对两种启发作用的评定结果如下：具体启发条件下评定的平均分为 2.74，原型启发条件下评定的平均分为 3.30，$t(18)=4.543$，$P<0.05$，表明被试认为原型启发对顿悟问题解决的作用显著大于具体启发。由于分析的因变量指标为被试顿悟问题解决的时间，而没有成功解决的被试在规定的限制时间（10 分钟）后就停止实验，所以我们只分析成功解决四巧板问题的 20 名被试（两种条件下各 10 名被试）的问题解决时间。

　　问题解决者在解决四巧板问题的过程中，主要的错误表征就是将不规则木块的内缺角作为填充的角，即总是用其他木块与这个角进行组合，从而将这个角填充完整。问题解决者在问题解决的过程中会逐渐认识到，这个内缺角是不可能填充完整的，必须利用好这个直角，将其作为"T"形横与竖之间的夹角，这是四巧板问题成功解决的关键。问题解决者将内缺角位置摆对，表明问题解决者对问题建立了新的正确的表征，即顿悟了问题解决的答案。从问题解决者摆对了内缺角的位置到问题成功解决之间的时间为顿悟后的问题解决时间。对场独立型和场依存型被试在不同启发信息条件下的问题解决时间进行统计分析，结果见图 7.19。

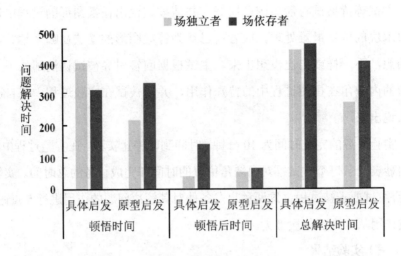

图7.19　场独立者和场依存者顿悟问题解决各阶段的时间（单位：秒）

通过两因素方差分析发现：

在个体顿悟时间指标上，认知风格和启发条件的交互作用显著，$F(1,16)=5.227$，$P<0.05$，场独立型被试在原型启发条件下的顿悟时间显著短于具体启发条件下，$P<0.05$；场依存型被试在原型启发条件下的顿悟时间同具体启发条件下无显著差异。

在顿悟后解决问题时间指标上，认知风格的主效应显著，$F(1,16)=6.205$，$P<0.05$。进一步分析发现，场独立型被试的顿悟后解决问题的时间显著短于场依存型被试。

在顿悟问题总解决时间的指标上，启发条件的主效应显著，$F(1,16)=4.593$，$P<0.05$，原型启发条件下的顿悟问题总解决时间显著短于具体启发条件下。

其他主效应及交互作用皆不显著。

（四）讨论

本书探讨了类比启发条件对个体顿悟问题解决的作用，以及不同认知风格的个体顿悟问题解决的差异，结果发现，相比具体启发条件，原型启发更有利于个体顿悟问题的解决；相比场依存者，场独立者更易受原型启发条件启发而提高顿悟问题解决速度。

实验结果发现，原型启发条件下的顿悟问题总解决时间显著短于具体启发条件下。基于表征变换理论的观点，个体在问题解决过程中会形成不合适的表征，这种表征会对个体形成约束或抑制，导致问题解决出现障碍，顿悟的关键在于能够及时解除对问题所形成的不合适的表征。因此，启发信息的作用就是给被试提供一些信息，以便其能够从中受到启发，迅速解除一开始对问题所形成的不合适表征。对于四巧板问题中的"T"形问题来说，被试通过拼箭头图形，能够掌握利用四巧板中的异形板自身直角作为图形的一部分，而"T"形问题的解决也需要利用这一图板的直角，所以原型启发条件下被试受到的启发直接来自图板的直角的功能，而具体启发只是将门打开，与墙构成直角的角度，但这个启发不是利用四巧板的图板来进行启发，所以原型启发条件比具体启发条件更有利于个体的四巧板顿悟问题解决，这与前人研究结果是一致的。研究表明，在问题解决的过程中，能够成功解决顿悟问题，必须激活学习阶段源事件中所包含的启发信息，而且并非所有激活了源事件的被试都能成功解决问题，还需要看其从源事件中所提取的启发信息的质量（张庆林等，2005）。

不同认知风格的个体提取启发信息的效果也不同。实验结果发现，场独立型被试在原型启发条件下的顿悟问题解决时间比具体启发条件下更短，而场依存型被试在原型启发条件和具体启发条件下的顿悟问题解决时间无明显差异。张庆林等（2005）的研究也发现，启发信息对顿悟问题解决的促进作用取决于个体提取启发信息的质量。本研究结果表明，场独立者对原型启发条件下的启发信息的提取效果更好，能够更快地解除将图板拼成两个长方形的不合适的表征，快速达到顿悟，从而成功解决问题。场独立者在完成任务时能够更多地使用内在参照，摆脱外在干扰，所以他们更能从启发信息中发现问题解决的本质，而场依存者则更多地依赖外部线索来解决问题，个体提取信息的能力不足，较难依靠个人从原型启发和具体启发这些启发信息中提取解决问题的关键信息。

（五）结论

通过以上实验分析，可以得出以下结论：①相比具体启发条件，原型启发条件更有利于促进个体的四巧板顿悟问题解决；②场独立者顿悟后解决问题的速度快于场依存者；③相比具体启发条件，场独立者更能从原型启发条件中提取启发信息来成功解决顿悟问题，而场依存者从原型启发和具体启发条件中提取启发信息的效果无明显差异。

四、综合讨论

（一）启发信息对顿悟问题解决的影响

综合两个实验来看，启发信息均能促进个体顿悟问题的解决。表征变化理论认为，火柴棒算式问题中包含着不同难度等级的思维约束，无意义等式的约束最大，其次为符号约束，最后为数值约束。约束的难度决定了顿悟问题解决的难度。用实物火柴棒摆放来启发被试的方法确实有助于个体解决问题，并且个体解决 A 问题的速度比 B 问题更快，表明不同类型问题因约束的难度不同确实也存在解决难度上的差异，启发信息能够促进火柴棒算式问题解决。被试进行符号改变的练习促进了这种表征的转变。对与目标解决相关的物体进行深入的概念加工的被试更容易得到解决方法（Gibson，2004）。启发信息也有利于个体解决四巧板顿悟问题，特别是在原型启发条件下，个体直接从启发条件中提取利用直角的关键信息，显著促进了问题解决。该结果支持表征变化理论。

（二）认知风格对顿悟问题解决的影响

两个实验均探讨了不同认知风格个体在解决顿悟问题时的差异。结果均发现，场独立者解决顿悟问题的时间要快于场依存者，场独立者在没有启发的条件下能够比场依存者更快解决火柴棒算式问题，表明场独立者更能依靠内在参照来解决问题，而场依存者解决火柴棒算式问题较依赖实物摆放练习的启发。场独立者比场依存者更能有效利用原型启发信息来解决四巧板"T"形问题，他们能够依靠自身能力从原型启发中提取有效解决问题的启发信息，而场依存者提取启发信息的能力不足。

五、结论

在本研究条件下，可以得出如下结论：①启发信息能够促进个体顿悟问题的解决；②场依存者解决火柴棒算式顿悟问题时更依赖于启发信息，相比具体启发信息，场独立者更能从原型启发信息中提取利用关键直角的信息而快速解决四巧板顿悟问题。

六、对顿悟问题解决中认知抑制机制的思考

在相关实证研究的基础上，本书提出创造力的灵活性认知抑制模型（见图

7.20）。我们认为，高创造性思维水平者的认知抑制更具有灵活性、适应性，并且这种灵活性的认知调整应该包含了更多的自上而下的主动控制；创造性思维与认知抑制的关系受到情绪状态、时间压力条件和语境的调节作用的影响。

　　具体而言，当我们解决创造性问题时，首先会形成问题的初始表征，然后在初始表征的基础上，在问题空间里进行相应的操作，尝试解决问题。但是，初始的问题表征并不一定是合适的问题表征，而且相比常规问题，创造性问题一般会让个体形成一个不恰当的表征，这是对个体解决问题的一个约束，个体在尝试进行一些操作后，发现仍不能解决问题，他们会陷入一个僵局。问题解决的关键就是能够对这个不恰当的问题表征进行解除，解除原有的那些约束或抑制情况。在问题表征变换的过程中，认知抑制起到了重要作用，抑制无关信息，解除不必要的约束，这种认知抑制是一种主动的、灵活的认知抑制。研究发现，启发信息有利于问题表征的变换，并且启发信息的提取有赖于个体变量，如场独立的认知风格，任务有时间限制、积极的个人情绪和有语境信息均能让高创造思维水平者的认知抑制能力增强，从而更快更好地解决问题。

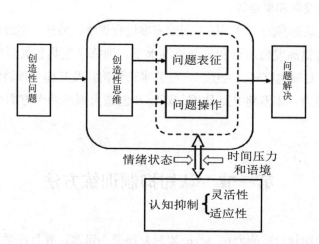

图 7.20　创造力的灵活性认知抑制模型

第八章　认知抑制训练与创造力培养

通过对认知抑制与创造力关系进行实验研究，我们加深了对创造力本质的了解，能够以新视角来看待创新型人才培养的重要方面。也就是说，我们以往在创造力培养方面主要培养发散思维、聚合思维和联想能力等可能还存在一定的片面性，本书的文献综述和实证研究启发了我们，培养个体的创造力，不但要培养其发散思维、聚合思维和联想能力，也要加强个体的认知抑制能力，以及增强个体认知的灵活性。这种灵活性不仅体现在集中注意和离焦注意的灵活调整方面，也体现在个体能够灵活地认识所面对的任务，了解不同任务的性质和所处的任务阶段，从而做到灵活地调整自己的抑制水平、进行思维的发散和聚合等。

个体的认知抑制可以采用不同的方案进行训练。另外，创造性思维的培养需要同时提高发散思维和聚合思维水平，训练学生具备灵活的注意模式等，而且，目前也有研究表明，一些艺术干预治疗及其他干预训练方法有助于提高创造力。本章将从认知抑制训练和创造力训练两个方面来介绍相关方法。

第一节　认知抑制训练方法

儿童的抑制控制能力在 3～6 岁时发展最为迅速，并且在学前阶段趋于稳定。因此，抓住儿童抑制控制能力发展的关键期，针对3～6岁儿童实施抑制控制干预很有价值。例如，研究表明，有些游戏任务对儿童的抑制控制能力提高有促进作用，如电子游戏"打地鼠"和"汤姆猫跑酷"等。打地鼠游戏，要求儿童击打从地洞里冒出来的鼹鼠，打中鼹鼠即得分，但是当地洞中出现炸药时，儿童不能落锤，否则就要失分，看到炸药不能点击就是该游戏中抑制优势反应的一个设置。汤姆猫跑酷游戏，儿童可以让汤姆猫在奔跑的过程中左右穿插来捡拾路上的金币和道具，但是要及时避开奔跑路程中随机设置的路障、车辆和水坑，避开路障、车辆和水坑的操作就是该游戏中抑制优势反应的一个设置。需要注意的是，只有具有抑制优势反应特征的游戏才能促进儿童的抑制控制能力的提高，所以对电子游戏要有所选择并严格限制游戏时间，一般最多每天 1 小时。

对于 5～6 岁的儿童，还可以通过昼/夜 Stroop 任务来提高其认知抑制能力。父母可以为儿童准备 10 张太阳图片、10 张月亮图片，给儿童展示一下图片，确保儿童能够区分图片中的太阳和月亮，然后告知其在"太阳"出现的时候报告"月亮"，在"月亮"出现的时候报告"太阳"，要求儿童尽可能快地说出答案。任务开始后，太阳和月亮随机呈现，答对得 1 分。

对于中小学生来说，可以进行一些图形推理任务训练来提高其认知抑制能力。已有研究发现，如果先让被试完成瑞文高级推理测试，这将激活个体的认知抑制机制，进而发现，被试在需要抑制直觉反应的认知反应测试中的成绩得到显著提高（Attridge 和 Inglis，2015）。研究结果提示我们，在基础教育阶段，可以给予学生一些逻辑推理类题目的训练，这将会显著提高学生的认知抑制机制，从而促进学生在抑制任务中的表现。

第二节　创造力干预训练方法

一、创造性认知干预

（一）创造性思维训练

创造性思维通常包含发散性思维（divergent thinking，DT）和聚合性思维（convergent thinking，CT），二者的不同之处在于，聚合性思维通过缩小可能的范围来获得唯一正确的解决方案，而发散性思维涉及灵活的构思，以产生对开放性问题的更多解决方案，两者都是评估创造力的重要指标。发散性思维能力是在社会环境中产生创造性解决方案和驾驭复杂的社会互动所必需的，发散性思维的维度主要有流畅性、灵活性和独创性，可以针对单个维度进行训练，也可以在一个任务中进行全面训练，比如你可以和朋友一起做游戏，让朋友提出一件物品（如筷子、手机等），然后你尽可能多地想出该物品的用途。

聚合性思维训练：个体可以练习对事物进行分类，还可以与父母或朋友进行游戏，让他们给出两个词语，你用一句话将这两个概念之间联系起来。对于远距离联想能力的训练，让个体面对一组看似无关的提示词，如农舍、瑞士、蛋糕，要求找出与每一个提示词单独相关的第四个目标词。还可以给出三个单字，要求给出与前三个字都可以组成词的一个字，如拍、买、贩（　　），惧、怕、龙（　　），莓、席、稿（　　）。

如果暂时搁置一项任务（如通过休息、分心或中断）来减轻任务定势的效果，那么在发散性思维和聚合思维任务上的创造性表现可以得到改善（Jett和 George，2003）。头脑风暴会议期间的短暂休息可以增加产生的想法的数量和多样性（Kohn 和 Smith，2011；Paulus 和 Brown，2003）。当进行创造性任务时，个体可以暂时将创造性任务放在一边，先从事其他无关任务，再进行创造性任务，这样会比接到创造性任务后立即开始思考的人得到更多新奇的想法。这可能是因为把一项任务放在一边可能会减少认知定势，使个体能够用新的思维来处理焦点任务，从而提高创造性表现。

（二）联想训练

个体可以在日常生活中训练自己的联想能力。个体可以在较短的时间内（通常为 60 秒）说出某一范畴所包含的事物，比如说出你能想到的所有动物的名字。还可以采取自由联想方法，让个体在限时 1 分钟内对一个提示词产生 3 个、5 个或尽可能多的联想反应。

二、创造性艺术疗法的干预

近年来，创造性艺术疗法（creative arts therapies，CAT）作为临床医疗实践的重要组成部分，已成为综合医学研究的重要领域（Lily et al.，2018）。

（一）视觉艺术疗法

视觉艺术疗法即通过观看富有创造性的艺术作品，包括各种类型的绘画和素描、泥塑、纸制工艺品、拼贴画等，以引起情绪的改善（Campbell et al.，2016；Nan 和 Ho，2017）。治疗师通过指导个体创作定向的或自由发挥的艺术作品，以发掘他们无意识的记忆（Saba et al.，2016）。像创作泥塑和进行雕刻这样的方法能与个体的触觉相结合，并能给个体带来更多发自内心的体验。研究表明，创造性艺术疗法对自尊、自我表达、自我意识、情绪健康和艺术技能都有明显的改善作用（Attard 和 Larkin，2016）。楚等（2018）通过分析得出了中国书法疗法对焦虑、抑郁等精神类疾病起到了显著的改善作用。

（二）音乐疗法

音乐疗法是个体主动地在治疗师的指导下积极创作音乐或被动地通过抒情分析等方法倾听音乐，并对音乐做出反应（Aalbers et al.，2017；Chung和 Woods Giscombe，2016）。音乐疗法通常会改善个体的情绪，减少其愤怒、抑郁、压力和焦虑，对参与者来说非常愉快。

（三）舞蹈运动疗法

舞蹈运动疗法（dance/movement therapy，DMT），作为自我意识和表达的一种自然而有效的媒介，可以阐明人类行为的许多方面的相互关系（Bryl，2018）。这一方法综合了运动技巧、创造性表现、自我意识的非语言方面及人际交往能力，不同于其他形式的艺术疗法，它提高了创造身心联系的能力，改善了身体健康（Chen et al.，2016；Levine 和 Land，2016；Biondo，2019；Biondo 和 Bryl，2020）。与久坐或无指导的视觉艺术疗法对照组相比，采用舞蹈运动疗法的研究表明，其可以显著改善个体的认知功能、生活质量和身体能力（Chen et al.，2016；Kaltsatou et al.，2015），以及减少个体的愤怒、抑郁情绪（Lee et al.，2015）。

（四）戏剧疗法

戏剧疗法以身体为媒介，通过声音、面部表情和手势等创造出某种真实感，以表达和投射新旧情绪，它可以用于测评、平衡不同角色等。有报道指出，戏剧疗法可以与其他类型的创造性艺术疗法（如舞蹈和音乐）相结合。这一疗法可以帮助个体增加社会功能和同理心（Qu et al.，2000），提升其自尊和克服自卑感（周玉萍，2002）。例如，采取有利于提高创造力的戏剧干预训练方法，学校可以开展戏剧扮演活动，以两个月作为一个训练周期，每周要求学生完成 8 个 20 分钟的活动，活动的内容 "表演开放式结尾的童话故事"，这样学生在编童话故事结尾时需要开放性地思考很多可能的结果，在表演的过程中还可以表达和投射情绪，对个体的情绪和创造力均有较好的促进作用。

（五）创造性写作疗法

创造性写作是目前使用较少的一种治疗方法，包括记录个人日志，以及创作诗歌、小说、回忆录等（Feirstein，2016）。一些案例表明，创造性写作可以为个体提供表达和释放情绪的机会。研究表明，创造性写作疗法是一种非常积极的体验，可以增强参与者的信心和认知功能（King et al.，2013）。

三、创造力的间接干预

创造力也可以通过其他干预措施间接提高，如幽默干预或经颅磁刺激干预。

（一）幽默干预

有研究表明，创造力和幽默之间有着重要的联系，幽默有助于提升创造力（Edgar 和 Pryor，2003）。陈和徐（2006）提出了幽默加工的合流模型，从认知层面、情感层面和动机层面对幽默过程进行了解释，认为幽默过程包括幽默刺激、情绪反应和由此产生的行为。

幽默是精神干预的一种方式，它可能对健康产生积极作用。幽默对个体的感知、态度、判断和情绪有广泛的影响，可以直接或间接调节身体和心理状态。幽默和笑声干预在医学中的应用越来越多，在心理治疗框架中的使用也越来越多。在过去的 20 年里，已经开发了许多治疗方法，如医学小丑、单口相声、矛盾的幽默导向法、幽默训练和爱笑瑜伽法等（Gelkopf，2011），特别是幽默干预对精神分裂症患者和重度抑郁症患者效果显著。例如，魏茨滕等（1999）对 12 名精神分裂症患者进行了为期 3 个月的幽默干预，发现幽默方法的使用能有效改善他们的病症。蔡等（2014）基于麦基（1994）的幽默培训计划，对 30 名精神分裂症患者进行了干预，结果同样证明幽默训练对他们的阴性症状、抑郁、焦虑等方面有积极的影响。Falkenberg 等（2011）进行了一项专门为增强重度抑郁症患者的幽默能力而设计的集体训练计划，经过8 周的训练，患者的情绪有了短期改善，幽默成为应对负面情境的一种策略。

（二）经颅磁刺激干预

在认知神经科学领域中，有大量实验研究和临床资料可以表明创造力与精神分裂症在脑神经层面存在一定的相似性。研究表明，前额叶皮质主要执行一些重要的认知功能，如工作记忆、注意及认知控制等，而创造力和发散性思维与双侧前额叶皮质的关系密切（Chen et al.，2018）。后来，托波洛夫等（2016）及埃勒曼等（2017）的研究也发现，精神分裂症患者的阴性症状和认知障碍与背外侧前额叶皮质（DLPFC）神经活动功能减退相关。越来越多的人采用神经成像和经颅刺激技术来研究创造性思维的神经基础。关于元分析研究表明，经颅直流电刺激（tDCS）可以提高那些与创造力有关区域的神经元的兴奋性（Claudio et al.，2018）。具体来说，创造性想法的产生主要与阴极 tDCS 刺激左侧额颞叶下皮质有关，包括前颞叶（Chi 和 Snyder，2011；Salvi et al.，2020）、额叶下回（Mayseless 和 Shamay-Tsoory，2015；Kleinmintz et al.，2017），以及前额叶（Chrysikou et al.，2013）等。科伦坡等（2015）对背外侧前额叶（DLPFC）进行阳极 tDCS 刺激后发现，被试远距离联想测验（RAT）的分数和言语发散思维任务得分有显著提高。这种经颅刺激增加了带正电荷的阳极电极下区域的兴奋性，并降低了阴极电极下区域的兴奋性（Jacobson，Koslowsky 和 Lavidor，2012）。此外，创造性思维也与顶叶皮质有关，如在执行言语发散性思维任务时，后顶叶皮层（PPC）上的脑电图（EEG）α 活动与之强同步（Benedek et al.，2016；Agnoli et al.，2018；Agnoli et al.，2020）。研究者对 PPC 进行阳极 tDCS 刺激后发现，被试远距离联想测验（RAT）的分数（Pick 和 Lavidor，2019；Pea et al.，2020）及图形类创造力任务得分（Ghanavati et al.，2018）显著提高。

有研究者引入了一种不同类型的经颅刺激，即经颅交流电刺激（tACS），认为在 10 赫兹 tACS 刺激 DLPFC 后创造性技能会增加（Grabner et al.，2017）。更具体地说，卢斯滕伯格等（2015）使用托兰斯创造性思维测验评估了在 tACS 下视觉发散创造力的影响，发现一般创造力指数显著提升。

经颅随机噪声刺激（tRNS）最近成为经颅直流电刺激和经颅交流电刺激的一种有效的替代技术。tRNS 是一种调节皮质可塑性随机噪声的经颅电刺激的形式（Chaieb et al.，2008），其机制是通过随机共振增加神经元兴奋性，即当加入"噪声"时，中枢神经系统中微弱的神经信号检测会增强（Van 和 Wenderoth，2016）。培尼亚等（2019）的研究发现，tRNS 对 DLPFC 上方的刺激能提高聚合性思维及言语发散性思维能力。

参考文献

一、中文文献

[1] 白学军，巩彦斌，胡卫平，等. 不同科学创造力个体干扰抑制机制的比较[J]. 心理与行为研究，2014，12（2）：151-155.

[2] 白学军，贾丽萍，王敬欣. 特质焦虑个体在高难度 Stroop 任务下的情绪启动效应[J]. 心理科学，2016，39（1）：8-12.

[3] 白学军，姚海娟. 高低创造性思维水平者的认知抑制能力：行为和生理的证据[J]. 心理学报，2018，50（11）：1197-1211.

[4] 蔡成后，杨柳慧. 工作记忆中有意抑制能力的发展研究[J]. 心理学探新，2009，29（5）：32.

[5] 程丽芳，胡卫平，贾小娟. 认知抑制对艺术创造力的影响：认知风格的调节作用[J]. 心理发展与教育，2015，31（3）：287-295.

[6] 程丽芳. 科学创造力和艺术创造力：认知控制的融合与分离效应[D]. 西安：陕西师范大学，2015.

[7] 邓铸. 问题解决的表征态理论[J]. 心理学探新，2003（4）：17-20.

[8] 方再林，武珍. 弗洛伊德论创造力与无意识[J]. 人才研究，1988（5）：35-39.

[9] 谷传华，王亚丽，吴财付，等. 社会创造性的脑机制：状态与特质的 EEG α 波活动特点[J]. 心理学报，2015，47（6）：765-773.

[10] 谷传华，张海霞，周宗奎. 小学儿童的社会创造性倾向与教师领导方式的关系[J]. 中国临床心理学杂志，2009，17（3）：284-286.

[11] 谷传华，周宗奎. 小学儿童社会创造性倾向与父母养育方式的关系[J]. 心理发展与教育，2008（2）：34-38.

[12] 顾本柏，贾磊，张庆林. 不同提示线索对于 Stroop 干扰效应的影响[J]. 心理科学，2013，36（2）：296-300.

[13] 胡卫平，程丽芳，贾小娟，等. 认知抑制对创造性科学问题提出的影响：认知风格的中介作用[J]. 心理与行为研究，2015，13（6）：721-728.

[14] 胡卫平，Philip A，申继亮，等. 中英青少年科学创造力发展的比较[J]. 心理学报，2004，36（6）：718-731.

[15] 吉尔福特. 创造性才能：他们的性质、用途与培养[M]. 北京：人民教育出版社，2006：133.

[16] 贾丽萍，白学军，王敬欣. 情绪对不同状态焦虑个体认知抑制的影响[J]. 心理与行为研究，2017，15（6）：721-726.

[17] 李良敏，罗玲玲，刘武. 客观化创造力测量工具：《中文远距联想测验》编制[J]. 东北大学学报（社会科学版），2015（1）：22-27.

[18] 李寿欣，李涛. 大学生认知风格与人际交往及创造力之间关系的研究[J]. 心理科学，2000，23（1）：119-120.

[19] 李亚丹，马文娟，罗俊龙，等. 竞争与情绪对顿悟的原型启发效应的影响[J]. 心理学报，2012，44（1）：1-13.

[20] 李植霖. 创造力与认知抑制、工作记忆的关系研究[D]. 南京：南京师范大学，2007.

[21] 林崇德. 培养和造就高素质的创造性人才[J]. 北京师范大学学报（社会科学版），1999（1）：5-13.

[22] 林幸台，王木荣. 威廉斯创造性思考活动手册[M]. 台湾：心理出版社，1997.

[23] 罗劲. 顿悟的大脑机制[J]. 心理学报，2004（2）：219-234.

[24] 罗佩文，游胜翔，黄博圣，等. 儿童封闭式创造力潜能测量：《儿童版中文词汇远距联想测验》之编制及信、效度研究[J]. 测验学刊，2017，64（3）：237-258.

[25] 买晓琴，罗劲，吴建辉，等. 猜谜作业中顿悟的 ERP 效应[J]. 心理学报，2005，37（1）：19-25.

[26] 钱文，刘明. 顿悟研究及顿悟与智力超常的关系[J]. 心理科学，2001，24（1）：112-113.

[27] 邱江，罗跃嘉，吴真真，等. 再探猜谜作业中"顿悟"的 ERP 效应[J]. 心理学报，2006，38（4）：507-514.

[28] 邱江，张庆林. 字谜解决中的"啊哈"效应：来自 ERP 研究的证据[J].

科学通报，2007，52（22）：2625-2631.

[29] 申继亮，王鑫，师保国. 青少年创造性倾向的结构与发展特征研究[J]. 心理发展与教育，2005，21（4）：28-33.

[30] 沈汪兵，刘昌，王永娟. 艺术创造力的脑神经生理基础[J]. 心理科学进展，2010，18（10）：1520-1528.

[31] 沈汪兵，刘昌，张小将，等. 三字字谜顿悟的时间进程和半球效应：一项 ERP 研究[J]. 心理学报，2011，43（3）：229-240.

[32] 施建农. 创造性系统模型[J]. 心理科学进展，1995（3）：1-5.

[33] 唐殿强，吴炎. 高中生认知风格与创造力关系研究[J]. 教育理论与实践，2002，22（12）：35-38.

[34] 童秀英，沃建中. 高中生创造性思维发展特点的研究[J]. 心理发展与教育，2002，18（2）：22-26.

[35] 王彤星. 认知抑制影响创造性思维的 EEG 研究[D]. 西安：陕西师范大学，2017.

[36] 王战旗，张兴利.创造力成就问卷的中文修订[J].心理与行为研究，2020，18（3）：390-397.

[37] 沃建中，陈婉茹，刘杨，等. 创造能力不同学生的分类加工过程差异的眼动特点[J]. 心理学报，2010，42（2）：251-261.

[38] 武欣，张厚粲. 创造力研究的新进展[J]. 北京师范大学学报（社会科学版），1997（1）：13-18.

[39] 徐展，张庆林，Sternberg R J. 创造性智力的验证性因素分析[J]. 心理科学，2004，27（5）：1103-1106.

[40] 阎国利. 眼动分析法在心理学研究中的应用[M]. 天津：天津教育出版社，2004，4.

[41] 杨丽霞，陈永明. 抑制机制研究的新进展[J]. 心理学动态，1999，7（4）：1-6.

[42] 姚海娟，白学军. 创造性思维与认知抑制的关系[J]. 心理科学，2014，37（2）：316-321.

[43] 姚海娟，沈德立. 顿悟问题解决的心理机制的验证性研究[J]. 心理与行为研究，2005，3（3）：188-193.

[44] 姚海娟，沈德立. 启发信息对个体顿悟问题解决影响的眼动研究[J]. 心理与行为研究，2006，4（3）：207-212.

［45］叶仁敏，洪德厚，保尔·托兰斯.《托兰斯创造性思维测验》（TTCT）的测试和中美学生的跨文化比较［J］. 应用心理学，1988，3（3）：22-29.

［46］衣新发，胡卫平. 科学创造力和艺术创造力：启动效应及领域影响［J］. 心理科学进展，2013，21（1）：22-30.

［47］衣新发，林崇德，蔡曙山，等. 留学经验与艺术创造力［J］. 心理科学，2011，34（1）：190-195.

［48］詹慧佳. 认知抑制与创造性思维阶段性的关系研究［D］. 南京：南京师范大学，2015.

［49］张德秀. 青少年创造性思维能力的探测［J］. 心理科学，1984，7（4）：20-25.

［50］张厚粲，王晓平. 瑞文标准推理测验在我国的修订［J］. 心理学报，1989，（2）：113-121.

［51］张景焕，王亚男，初玉霞，等. 三种压力与创意自我效能感对创造力的影响［J］. 心理科学，2011，34（4）：993-998.

［52］张景焕，张广斌. 中学生创造性思维发展特点研究［J］. 当代教育科学，2004，5：52-54.

［53］张景焕. 创造教育原理［M］.沈阳：辽宁人民出版社，1998.

［54］张克，杜秀敏，仝宇光. 高低创造性思维水平者定向遗忘效应的差异研究［J］. 心理科学，2017，40（3）：514-519.

［55］张庆林，Sternberg R J. 创造性研究手册［M］. 成都：四川教育出版社，2002.

［56］张庆林，邱江. 顿悟与源事件中启发信息的激活［J］. 心理科学，2005，28（1）：6-9.

［57］张庆林，肖崇好. 顿悟与问题表征的转变［J］. 心理学报，1996，28（1）：30-37.

［58］张庆林. 顿悟心理机制的实验分析［J］. 心理学杂志，1989，4（2）：23-28.

［59］周雅. 情绪唤起对执行功能的作用［J］. 心理科学进展，2013，21（7）：1186-1199.

［60］周玉林，植凤英，吴大培. 农村高中生认知风格与创造力关系的实验研究［J］. 贵州师范大学学报（自然科学版），2004，22（1）：80-84.

二、英文文献

[1]　Agnoli S, Corazza G E, Runco M A. estimating creativity with a multiple-measurement approach within scientific and artistic domains[J]. Creativity Research Journal, 2016, 28(2): 171-176.

[2]　Ahern S, Beatty J. Pupillary responses during information processing vary with scholastic aptitude test scores[J]. Science, 1979, 205(4412): 1289-1292.

[3]　Ahlum-Heath M E, DiVesta F J. The effects of conscious controlled verbalization of a cognitive strategy on transfer in problem solving[J]. Memory and Cognition, 1986, 14: 281-285.

[4]　Amabile T M. Social psychology of creativity: a consensual assessment technique[J]. Journal of Personality & Social Psychology, 1982, 43(5): 997-1013.

[5]　Amabile T M, Hadley C N, Kramer S J. Creativity under the gun[J]. Harvard Business Review, 2002, 80(8): 52-61.

[6]　Anderson M C, Spellman B A. On the status of inhibitory mechanisms in cognition: memory retrieval as a model case[J]. Psychological Review, 1995, 102(1): 68-100.

[7]　Anderson M C. Rethinking interference theory: executive control and the mechanisms of forgetting[J]. Journal of Memory and Language, 2003, 49(4): 415-445.

[8]　Anderson M C, Bjork R A, Bjork E L. Remembering can cause forgetting: retrieval dynamics in long-tern memory[J]. Journal of Experimental Psychology, 1994, 20(5): 1063-1087.

[9]　Ansburg P I, Hill K. Creative and analytic thinkers differ in their use of attentional resources[J]. Personality & Individual Differences, 2003, 34(7): 1141-1152.

[10]　Aslan A, Bäuml K. Retrieval-induced forgetting in old and very old age[J]. Psychology and Aging, 2012, 27(4): 1027-1032.

[11]　Bach D R, Friston K J. Model-based analysis of skin conductance responses: towards causal models in psychophysiology[J]. Psychophysiology, 2013, 50(1): 15-22.

[12] Baddeley A. Working memory and conscious awareness[M]. Hillsdale, NJ: Lawrence Erlbaum Associates,1992.

[13] Batey M, Furnham A. The relationship between measures of creativity and schizotypy[J]. Personality and Individual Differences, 2008, 45(8): 816-821.

[14] Beatty J. Task-evoked papillary responses, processing load, and the structure of processing resources[J]. Psychological Bulletin. 1982, 91(2): 276-292.

[15] Beaty R E, Silvia P J. Why do ideas get more creative across time? an executive interpretation of the serial order effect in divergent thinking tasks[J]. Psychology of Aesthetics, Creativity, and the Arts, 2012, 6(4): 309-319.

[16] Beaty R E, Silvia P J, Nusbaum E C, et al. The roles of associative and executive processes in creative cognition[J]. Memory & Cognition, 2014, 42(7): 1186-1197.

[17] Benedek M, Franz F, Heene M, et al. Differential effects of cognitive inhibition and intelligence on creativity[J]. Personality and Individual Differences, 2012, 53(4): 480-485.

[18] Benedek M, Jauk E, Fink A, et al. To create or to recall? neural mechanisms underlying the generation of creative new ideas[J]. Neuroimage, 2014, 88: 125-133.

[19] Benedek M, Jauk E, Sommer M, et al. Intelligence, creativity, and cognitive control: the common and differential involvement of executive functions in intelligence and creativity[J]. Intelligence, 2014, 46: 73-83.

[20] Berry D C. Metacognitive experience and transfer of logical reasoning[J]. Quarterly Journal of Experimental Psychology, 1983, 35A: 39-49.

[21] Boccia M, Piccardi L, Palermo L, et al. Where do bright ideas occur in our brain? meta-analytic evidence from neuroimaging studies of domain-specific creativity[J]. Frontiers in Psychology, 2015, 6: 1195-1201.

[22] Boucsein W, Fowles D C, Grimnes S, et al. Publication recommendations for electrodermal measurements[J]. Psychophysiology, 2012, 49(8): 1017-1034.

[23] Burch G S J, Hemsley D R, Pavelis C, et al. Personality, creativity and latent inhibition[J]. European Journal of Personality, 2006, 20(2): 107-122.

[24] Burnham C A, Davis K G. The nine-dot problem: beyond perceptual

organization[J]. Psychonomic Science, 1969, 17(6): 321-323.

[25] Carson S, Peterson J, Higgins D M. Decreased latent inhibition is associated with increased creative achievement in high-functioning individuals[J]. Journal of Personality and Social Psychology, 2003, 85(3): 499-506.

[26] Carson S H, Peterson J B, Higgins D M. Reliability, validity, and factor structure of the creative achievement questionnaire[J]. Creativity Research Journal, 2005, 17(1): 37-50.

[27] Chajut E, Schupak A, Algom D. Emotional dilution of the Stroop effect: a new tool for assessing attention under emotion[J]. Emotion, 2010, 10(6): 944.

[28] Chamberlain R, Wagemans J. Visual arts training is linked to flexible attention to local and global levels of visual stimuli[J]. Acta Psychologica, 2015, 161: 185-197.

[29] Chamberlain R, Swinnen L, Heeren S, et al. Perceptual flexibility is coupled with reduced executive inhibition in students of the visual arts[J]. British Journal of Psychology, 2017, 109(2): 244-258.

[30] Charles R E, Runco M A. Developmental trends in the evaluative and divergent thinking of children[J]. Creativity Research Journal, 2000-2001, 13(3,4): 417-437.

[31] Chater N, Oaksford M. Ten years of the rational analysis of cognition[J]. Trends in Cognitive Sciences, 1999, 3(2): 57-65.

[32] Chein M F. Creative thinking abilities of gifted children in Taiwan[J]. Bulletin of Education Psychology, 1982, 15(6): 97-110.

[33] Cheng L F, Hu W P, Jia X J, et al. The different role of cognitive inhibition in early versus late creative problem finding[J]. Psychological of Aesthetics, Creativity, and the Arts, 2016, 10(1): 32-41.

[34] Chirila C, Feldman A. Study of latent inhibition at high-level creative personality: the link between creativity and psychopathology[J]. Procedia - Social and Behavioral Sciences, 2012, 33: 353-357.

[35] Chronicle E P, Ormerod T C, MacGregor J N. When insight just won't come: the failure of visual cues in the nine-dot problem[J]. The Quarterly Journal of Experimental Psychology, 2001, 54A (3): 903-919.

[36] Cochran K F, Davis J K. Individual difference in inference processes[J]. Journal of Research in Personality, 1987, 21(2): 197-210.

[37] Colombo B, Bartesaghi N, Simonelli L, et al. The combined effects of neurostimulation and priming on creative thinking. a preliminary tDCS study on dorsolateral prefrontal cortex[J]. Frontiers in Human Neuroscience, 2015, 9: 403-414.

[38] Darini M, Pazhouhesh H, Moshiri F. Relationship between employee's innovation (creativity) and time management[J]. Procedia-Social and Behavioral Sciences, 2011, 25: 201-213.

[39] Davidson M C, Amso D, Anderson L C, et al. Development of cognitive control and executive functions from 4 to 13 years: evidence from manipulations of memory, inhibition, and task switching[J]. Neuropsychologia, 2006, 44(11): 2037-2078.

[40] Dawson M E, Schell A M, Courtney C G. The skin conductance response, anticipation, and decision-making[J]. Journal of Neuroscience, Psychology, and Economics, 2011, 4(2): 111-116.

[41] Demaree H A, Schmeichel B J, Robinson J L, et al. Up and down regulating facial disgust: affective, vagal, sympathetic, and respiratory consequences[J]. Biological Psychology, 2006, 71(1): 90-99.

[42] Devine P G. Stereotypes and prejudice: their automatic and controlled components[J]. Journal of Personality and Social Psychology, 1989, 56: 5-18.

[43] Diamond A. Executive functions[J]. Annual Review of Psychology, 2013, 64: 135-168.

[44] Dorfman L, Martindale C, Gassimova V, et al. Creativity and speed of information processing: a double dissociation involving elementary versus inhibitory cognitive tasks[J]. Personality and Individual Differences, 2008, 44(6): 1382-1390.

[45] Duncker K. On problem solving[J]. Psychological Monographs, 1945, 58(1): 1-113.

[46] Edl S, Benedek M, Papousek I, et al. Creativity and the Stroop interference effect[J]. Personality and Individual Differences, 2014, 69: 38-42.

[47] Eriksen B, Eriksen C. Effects of noise letters upon the identification of a target letter in a nonsearch task[J]. Perception and Psychophysics, 1974, 16(1): 143-149.

[48] Eysence H. Genius: the natural history of creativity[M]. Cambridge: Cambridge University Press, 1995.

[49] Eysenck H J. Problems in the behavioural sciences, 12 genius: the natural history of creativity[M]. New York, NY, US: Cambridge University Press, 1995.

[50] Feist G J. A meta-analysis of personality in scientific and artistic creativity[J]. Personality and Social Psychology Review, 1998, 2(4): 290-309.

[51] Findlay C S, Lumsden C J. The creative mind: toward and evolutionary theory of discovery and innovation[J]. Journal of Social and Biological Structures, 1988, 11: 3-55.

[52] Fink A, Benedek M. EEG alpha power and creative ideation[J]. Neuroscience & Biobehavioral Reviews, 2014, 44: 111-123.

[53] Fink A, Slamar-Halbedl M, Unterrainer H F, et al. Creativity: genius, madness, or a combination of both[J]. Psychology of Aesthetics, Creativity, and the Arts, 2012, 6(1): 11-18.

[54] Friedman N P, Miyake A. The relations among inhibition and interference control functions: a latent-variable analysis[J]. Journal of Experimental Psychology: General, 2004, 133(1): 101-135.

[55] Galang A J R, Castelo V L C, Santos L C, et al. Investigating the prosocial psychopath model of the creative personality: evidence from traits and psychophysiology[J]. Personality and Individual Differences, 2016, 100: 28-36.

[56] Gendolla G H E, Wright R A, Richter M. Effort intensity: some insights from the cardiovascular system[M]. New York: Oxford University Press, 2012.

[57] Gibson J M. Priming problem solving with conceptual processing of relevant objects[J]. The Journal of General Psychology, 2004, 13(2): 118-135.

[58] Gigerenzer G, Goldstein D G. Reasoning the fast and frugal way: models of bounded rationality[J]. Psychological Review, 1996, 103(4): 650-669.

[59]　Gilhooly K J, Fioratou E, Anthony S H, et al. Divergent thinking: strategies for generating alternative uses for familiar objects[J]. British Journal of Psychology, 2007, 98(4): 611-625.

[60]　Gilhooly K J, Murphy P. Differentiating insight from noninsight problems[J]. Thinking & Reasoning, 2005, 11, 279-302.

[61]　Gonen-Yaacovi G, de Souza L C, Levy R, et al. Rostral and caudal prefrontal contribution to creativity: a meta-analysis of functional imaging data[J]. Frontiers in Human Neuroscience, 2013, 7: 465.

[62]　Grant E R, Spivey M J. Eye movements and problem solving[J]. Psychological Science, 2003, 14(5): 462-466.

[63]　Groborz M, Nęcka E. Creativity and cognitive control: explorations of generation and evaluation skills[J]. Creativity Research Journal, 2003, 15(2-3): 183-197.

[64]　Hagger M S, Wood C, Stiff C, et al. Ego depletion and the strength model of self-control: a meta-analysis[J]. Psychological Bulletin, 2010, 136(4): 495-525.

[65]　Harnishfeger K K. The development of cognitive inhibition: theories, definitions, and research evidence [J]. Academic Press, 1995: 175-204.

[66]　Hick W E. On the rate of information gain[J]. The Quarterly Journal of Experimental Psychology, 1952, 4: 11-26.

[67]　Hu W P, Adey P. A scientific creativity test for secondary school students[J]. International Journal of Science Education, 2002, 24(4): 389-403.

[68]　Huang P H, Qiu L H, Shen L, et al. Evidence for a left-over-right inhibitory mechanism during figural creative thinking in healthy nonartists[J]. Human Brain Mapping, 2013, 34(10): 2724-2732.

[69]　Isaak M L, Just M A. Constraints on thinking in insight and invention[M]. MA: Bradford Books/MIT Press, 1995.

[70]　Jauk E, Benedek M, Neubauer A C. The road to creative achievement: a latent variable model of ability and personality predictors[J]. European Journal of Personality, 2014, 28(1): 95-105.

[71]　Jauk E, Benedek M, Dunst B, et al. The relationship between intelligence and creativity: new support for the threshold hypothesis by means of

empirical break point detection[J]. Intelligence, 2013,41(4): 212-221.

[72] Jones G. Testing two cognitive theories of insight[J]. Journal of Experimental Psychology: Learning, Memory And Cognition, 2003, 29(5): 1017-1027.

[73] Jonides J, Nee D E. Brain mechanisms of proactive interference in working memory[J]. Neuroscience, 2006, 139(1): 181-193.

[74] Judson A J, Cofer C N, Gelfand S. Reasoning as an associate process: II. "directions" in problem solving as a function of prior reinforcement of relevant responses[J]. Psychological Reports, 1956, 2: 501-507.

[75] Just M, Carpenter P A. The psychology of reading and language comprehension[J]. Allyn and Bacon. Inc. 1987: 370-375.

[76] Kaplan C A, Simon H A. In search of insight[J]. Cognitive Psychology, 1990, 22(3): 374-419.

[77] Karau S J, Kelly J R. The effects of time scarcity and time abundance on group performance quality and interaction process[J]. Journal of Experimental Social Psychology, 1992, 28(6): 542-571.

[78] Katrin L, Beat M. Disentangling the impact of artistic creativity on creative thinking, working memory, attention, and intelligence: evidence for domain-specific relationships with a new self-report questionnaire[J]. Frontiers in Psychology, 2016, 7: 1089.

[79] Kaufman J C. Counting the muses: development of the Kaufman domains of creativity scale (K-DOCS)[J]. Psychology of Aesthetics, Creativity, and the Arts, 2012, 6(4): 298-308.

[80] Keane M. On adaptation in analogy: test of pragmatic importance and adaptability in analogical problem solving[J]. Quarterly Journal of Experimental Psychology, 1996, 49A(4): 1062-1085.

[81] Keshaw T C, Ohlsson S. Multiple causes of difficulty in insight: the case of the Nine-dot problem[J]. Journal of Experimental Psychology: Learning, Memory, and Cognition, 2004, 30(1): 3-13.

[82] Kim K H. The creativity crisis: the decrease in creative thinking scores on the torrance tests of creative thinking[J]. Creativity Research Journal, 2011, 23(4): 285-295.

[83] Knoblich G, Haider H. Empirical evidence for constraint relaxation in insight

problem solving[M]. NJ: Erlbaum, 1996: 580-585.

[84] Knoblich G, Haider H. Empirical evidence for constraint relaxation in insight problem solving[J]. Schweizerische Medizinische Wochenschrift, 1996, 115(7): 242.

[85] Knoblich G, Ohlsson S, Haider H, et al. Constraint relaxation and chunk decomposition in insight problem solving[J]. Journal of Experimental Psychology: Learning, Memory and Cognition, 1999, 25(6): 1534-1555.

[86] Knoblich G, Ohlsson S, Raney G E. An eye movement study of insight problem solving[J]. Memory and Cognition, 2001, 29(7): 1000-1009.

[87] Kobayashi N, Yoshino A, Takahashi Y, et al. Autonomic arousal in cognitive conflict resolution[J]. Autonomic Neuroscience, 2007, 132(1-2): 70-75.

[88] Kris E. Psychoanalytic explorations in art[M]. International Universities Press, 1952.

[89] Kwiatkowski J M. Individual differences in the neurophysiology of creativity[D]. Maine: The University of Maine ,2002.

[90] Lehman H C. Age and achievement[M]. Princeton, NJ: Princeton University Press, 1953.

[91] Sierra-Siegert, Mauricio, Williams, et al. Cognitive load and autonomic response patterns under negative priming demand in depersonalization-derealization disorder[J]. The European Journal of Neuroscience, 2016, 43(7/8): 971-978.

[92] Sternberg R J, Lubart T I. An investment theory of creativity and its development[J]. Human development, 1991, 34(1): 1-31.

[93] Lockhart R S, Lamon M, Gick M R. Conceptual transfer in simple insight problems[J]. Memory & Cognition, 1988, 16(1): 36-44.

[94] Luchins A S. Mechanization in problem solving[J]. Psychological Monographs, 1942, 54(248).

[95] Lung C T, Dominowski R L. Effects of strategy instructions and practice on nine-dot problem solving[J]. Journal of Experimental Psychology: Learning, Memory, and Cognition, 1985, 11(4): 804-811.

[96] Luo J, Niki K. Function of hippocampus in "insight" of problem solving[J]. Hippocampus, 2003, 13: 316-323.

[97] Luo J, Niki K, Knoblich G. Perceptual contributions to problem solving: chunk decomposition of Chinese characters[J]. Brain Research Bulletin, 2006, 70(4-6): 430-443.

[98] MacDonald A W, Cohen J D, Stenger V A, et al. Dissociating the role of the dorsolateral prefrontal and anterior cingulate cortex in cognitive control[J]. Science, 2000, 288(5472): 1835-1838.

[99] MacGregor J N, Ormerod T C, Chronicle E P. Information processing and insight: a process model of performance on the Nine-dot and related problems[J]. Journal of Experimental Psychology: Learning, Memory and Cognition, 2001, 27(1): 176-201.

[100] Maier N R F. Reasoning in humans: II. the solution of a problem and its appearance in consciousness[J]. Journal of Comparative Psychology, 1931, 12: 181-194.

[101] Martindale C. Personality, situation, and creativity[M]. New York: Handbook of Creativity, 1989: 211-232.

[102] Martindale C. Biological basis of creativity[M]. New York: Cambridge University Press, 1999.

[103] Martindale C. Creativity, primordial cognition, and personality[J]. Personality & Individual Differences, 2007, 43(7): 1777-1785.

[104] Martinsen Ø. Insight problems revisited: the influence of cognitive styles and experience on creative problem solving[J]. Creativity Research Journal, 1993, 6(4): 435-447.

[105] Martinsen Ø. Cognitive style and experience in solving insight problems: replication and extension[J]. Creativity Research Journal, 1995, 8(3): 291-298.

[106] Mayer R E. Problem solving: teaching and assessing[M]. Cambridge, MA: MIT Press, 1995.

[107] Mayer R E. Thinking, problem solving, cognition[M]. New York: Freeman, 1992.

[108] Mayseless N, Shamay-Tsoory S G. Enhancing verbal creativity: modulating creativity by altering the balance between right and left inferior frontal gyrus with tDCS[J]. Neuroence, 2015, 291: 167-176.

[109] Mischel W, Shoda Y, Rodriguez M L. Delay of gratification in children[J]. Science, 1989, 244: 933-938.

[110] Miyake A, Friedman N P, Emerson M J, et al. The unity and diversity of executive functions and their contributions to complex "frontal lobe" tasks: a latent variable analysis[J]. Cognitive Psychology, 2000, 41: 49-100.

[111] Moreno S, Wodniecka Z, Tays W, et al. Inhibitory control in bilinguals and musicians: event related potential (ERP) evidence for experience-specific effects[J]. PLOS ONE, 2014, 9(4).

[112] Navon D. Forest before trees: the precedence of global features in visual perception[J]. Cognitive Psychology, 1977, 9(3): 353-383.

[113] Trammell N W. Inhibitory and facilitatory processes in selective attention[J]. Journal of Experimental Psychology: Human Perception and Performance, 1977, 3(3): 444-450.

[114] Neill W T. Inhibitory and facilitatory processes in selective attention[J]. Journal of Experimental Psychology: Human Perception and Performance, 1977, 3(3): 444.

[115] Newell A, Simon H A. Human problem solving[M]. Englewood Cliffs, NJ: Prentice Hall, 1972.

[116] Nijstad B A, de Dreu C K W, Rietzschel E F, et al. The dual pathway to creativity model: creative ideation as a function of flexibility and persistence[J]. European Review of Social Psychology, 2010, 21(1): 34-77.

[117] Niu W, Sternberg R J. Cultural influences on artistic creativity and its evaluation[J]. International Journal of Psychology, 2001, 36(4): 225-241.

[118] Ohlsson S, Rees E. The function of conceptual understanding in the learning of arithmetic procedures[J]. Cognition and Instruction, 1991, 8(2): 103-179.

[119] Ohlsson S. Constraint-based student modeling[J]. Journal of Artificial Intelligence and Education, 1993, 3(4): 429-448.

[120] Ohlsson S. Information-processing explanation of insight and related phenomena[M]. London: Harvester, 1992: 1-203.

[121] Ohlsson S. Learning from performance errors[J]. Psychological Review, 1996, 103: 241-261.

[122] Ohlsson S. Restructuring revisited: II. an information processing theory of

restructuring and insight[J]. Scandinavian Journal of Psychology, 1984, 25: 117-129.

[123] Olatunji B O, Ciesielski B G, Armstrong T, et al. Emotional expressions and visual search efficiency: specificity and effects of anxiety symptoms[J]. Emotion, 2011, 11(5): 1073.

[124] Ormerod T, MacGregor J N, Chronicle E P. Dynamics and constraints in insight problem solving[J]. Journal of Experimental Psychology: Learning, Memory and Cognition, 2002, 28(4): 791-799.

[125] James I I, Ungerleider L G, Bandettini P A. Task-independent functional brain activity correlation with skin conductance changes: an fMRI study[J]. NeuroImage, 2002, 17(4): 1797-1806.

[126] Pennebaker J W, Chew C H. Behavioral Inhibition and electrodermal activity during deception[J]. Journal of Personality & Social Psychology, 1985, 49(5): 1427-1433.

[127] Pérez-Fabello M J, Campos A, Campos-Juanatey D. Is object imagery central to artistic performance[J]. Thinking Skills and Creativity, 2016: 67-74.

[128] Perfetto G A, Bransford J D, Franks J J. Constraints on access in a problem solving context[J]. Memory & Cognition, 1983, 11(1): 24-31.

[129] Persson J, Welsh K M, Jonides J, et al. Cognitive fatigue of executive processes: interaction between interference resolution tasks[J]. Neuropsychologia, 2007, 45(7): 1571-1579.

[130] Peterson J B, Carson S. Latent inhibition and openness to experience in a high-achieving student population[J]. Personality and Individual Differences, 2000, 28: 323-332.

[131] Peterson J B, Smith K W, Carson S. Openness and extraversion are associated with reduced latent inhibition: replication and commentary[J]. Personality and Individual Differences, 2002, 33, 1137-1147.

[132] Perdue C W, Gurtman M B. Evidence for the automaticity of ageism[J]. Journal of Experimental Social Psychology, 1990, 26: 199-216.

[133] Posada-Quintero H F, Florian J P, Orjuela-Cañón A D, et al. Power Spectral Density analysis of electrodermal activity for sympathetic function assessment[J]. Annals of Biomedical Engineering, 2016, 44(10): 3124-3135.

[134] Radel R, Davranche K, Fournier M, et al. The role of (dis)inhibition in creativity: decreased inhibition improves idea generation[J]. Cognition, 2015, 134: 110-120.

[135] Richard J F, Poitrenaud S, Tijus C. Problem-solving restructuration: elimination of implicit constraints[J]. Cognitive Science, 1993, 17(4): 497-529.

[136] Rominger C, Fink A, Weiss E M, et al. Allusive thinking (remote associations) and auditory top-down inhibition skills differentially predict creativity and positive schizotypy[J]. Cognitive Neuropsychiatry, 2017, 22(2): 108-121.

[137] Shi B G, Cao X Q, Chen Q L, et al. Different brain structures associated with artistic and scientific creativity: a voxel-based morphometry study[J]. Scientific Reports, 2017, 7: 42911.

[138] Silvia P J, Beaty R E, Nusbaum E C, et al. Creative motivation: creative achievement predicts cardiac autonomic markers of effort during divergent thinking[J]. Biological Psychology, 2014, 102: 30-37.

[139] Simon H A. Invariants of human behavior[J]. Annual Review of Psychology, 1990, 41(1): 1-19.

[140] Simon J R. The effect of an irrelevant directional cue on human information processing[J]. Amsterdam: North-Holland. 1990: 31-88.

[141] Simonton D K. Creativity: cognitive, personal, development, and social aspects[J]. American Psychologist, 2000, 55(1): 151-158.

[142] Smith E E. Storage and executive processes in the frontal lobes[J]. Science, 1999, 283(5408): 1657-1661.

[143] Soriano M F, Jimenez J F, Roman P, et al. Inhibitory processes in memory are impaired in schizophrenia: evidence from retrieval induced forgetting[J]. British Journal of Psychology, 2009, 100: 661-673.

[144] Sternberg R J, Lubart T I. An investment theory of creativity and its development[J]. Human Development, 1991, 34(1): 1-31.

[145] Sternberg R J, Lubart T I. Investigating in creativity[J]. American Psychologist, 1996, 51(7): 677-688.

[146] Storm B C, Patel T N. Forgetting as a consequence and enabler of creative

thinking[J]. Journal of Experimental Psychology, 2014, 40(6): 1594-1609.

[147] Stroop J R. Studies of interference in serial verbal reactions[J]. Journal of Experimental Psychology, 1935, 18(6): 643-662.

[148] Szollos A. Toward a psychology of chronic time pressure: conceptual and methodological review[J]. Time & Society, 2009, 18(2-3): 332-350.

[149] Tipper S P, Weaver B, Watson F L. Inhibition of return to successively cued spatial locations: commentary on Pratt and Abrams[J]. Journal of Experimental Psychology: Human Perception and Performance, 1996, 22: 1289-1293.

[150] Torrance E P. The Minnesota studies of creative behaviors: national and international extensions[J]. Journal of Creative Behavior, 1967, 1: 28-34.

[151] Vandervert L R, Schimpf P H, Liu H. How working memory and the cerebellum collaborate to produce creativity and innovation[J]. Creativity Research Journal, 2007, 19: 1-18.

[152] Van D,Wylie S A, Forstmann B U, et al. To head or heed? beyond the surface of selective action inhibition: a review[J]. Frontiers in Human Neuroscience, 2010, 4: 222.

[153] Vartanian O. Variable attention facilitates creative problem solving[J]. Psychology of Aesthetics, Creativity, and the Arts, 2009, 3(1): 57-59.

[154] Vartanian O A. Cognitive disinhibition and creativity(unpublished doctorial dissertation)[D]. Orono: The University of Maine, 2002.

[155] Vartanian O, Martindale C, Kwiatkowski J. Creative potential, attention, and speed of information processing[J]. Personality and Individual Differences, 2007, 43(6): 1470-1480.

[156] Verhaeghen P, De Meersman L. Aging and the negative priming effect: a meta-analysis[J]. Psychology and Aging, 1998, 13(3): 435.

[157] Verney S P, Granholm E, Marshall S P. Pupillary responses on the visual backward masking task reflect general cognitive ability[J]. International Journal of Psychology, 2004, 52(1): 23-36.

[158] Wallas G. The art of thought[M]. New York: Harcourt Brace Jovanovich, 1926.

[159] Wang Q, Lv C, He Q, et al. Dissociable fronto-striatal functional networks

predict choice impulsivity[J]. Brain Structure and Function, 2020, 225: 2377-2386.

[160] Weisberg R W, Alba J W. An examination of the alleged role of "fixation" in the solution of several "insight" problems[J]. Journal of Experimental Psychology: General, 1981, 110(2): 169-192.

[161] Weisberg R, Dicamillo M, Phillips D. Transferring old associations to new problems: a nonautomatic process[J]. Journal of Verbal Learning and Verbal Behavior, 1978, 17(1): 219-228.

[162] White H A, Shah P. Uninhibited imaginations: creativity in adults with attention-deficit /hyperactivity disorder[J]. Personality and Individual Differences, 2006, 40(6): 1121-1131.

[163] Williams C C, Zacks R T. Is retrieval-induced forgetting an inhibitory process[J]. American Journal of Psychology, 2001, 114: 329-354.

[164] Witkin H A, Goodenough D R. Field dependence and interpersonal behavior[J]. Psychological Bulletin, 1977, 84: 661-689.

[165] Woodman R W, Sawyer J E, Griffin R W. Toward a theory of organizational creativity[J]. Academy of Management Review, 1993, 18(2): 293-321.

[166] Xue Y K, Gu C H, Wu J J, et al. The effects of extrinsic motivation on scientific and artistic creativity among middle school students[J]. The Journal of Creative Behavior, 2018, 52: 1-14.

[167] Yi X F, Plucker J A, Guo J J. Modeling influences on divergent thinking and artistic creativity[J]. Thinking Skills and Creativity, 2015, 16: 62-68.

[168] Zabelina D L, Beeman M. Short-term attentional perseveration associated with real-life creative achievement[J]. Frontiers in Psychology, 2013, 4(191): 1-8.

[169] Zabelina D L, Robinson M D. Creativity as flexible cognitive control[J]. Psychology of Aesthetics, Creativity, and the Arts, 2010, 4(3): 136-143.

[170] Zabelina D L, Robinson M D, Council J R, et al. Patterning and nonpatterning in creative cognition: Insights from performance in a random number generation task[J]. Psychology of Aesthetics, Creativity, and the Arts, 2012, 6(2): 137-145.

[171] Zacks R T, Hasher L. Capacity theory and the processing of inferences[J].

Language, Memory, and Aging, 1988: 154-170.

[172] Zaidel D W. Creativity, brain, and art: biological and neurological considerations[J]. Frontiers in Human Neuroscience, 2014, 8: 389.

[173] Zeki S. Artistic creativity and the brain[J]. Science, 2001, 293(5527): 51-52.

[174] Zhang L J, Qiao L, Chen Q L, et al. Gray matter volume of the lingual gyrus mediates the relationship between inhibition function and divergent thinking[J]. Frontiers in Psychology, 2016, 7: 1532-1541.

[175] Chen Z, Marvin W D. External and internal instantiation of abstract information facilitates transfer in insight problem solving[J]. Contemporary Educational Psychology, 2000, 25(4): 423-449.

[176] Zmigrod S, Zmigrod L, Hommel B. Zooming into creativity: individual differences in attentional global-local biases are linked to creative thinking[J]. Frontiers in Psychology, 2015, 6: 1647-1654.

[177] Zvi L, Nachson I, Elaad E. Effects of coping and cooperative instructions on guilty and informed innocents' physiological responses to concealed information[J]. International Journal of Psychophysiology, 2012, 84(2): 140-148.

后　记

本书终于完成，这也是对我近十年研究的一个总结。年少的我以为成长是翅膀硬了飞向远方，可飞向远方的时候我才知晓，真正的成长是我终于勇敢地接过重担，承担一份责任。曾经的过往，那些人、那些事、那些景给我在研究中增添了力量，指引了方向，豁达了心灵，使我更加懂得坚持的宝贵，更加珍惜拥有的一切。我也希望将美丽的风景与世界万物分享，把温暖和喜悦洒向大地的每一个角落。

在我的博士生导师白学军教授的指引下，选择"认知抑制与创造力的关系"作为研究主题，并在此主题下成功获批了天津市教育科学规划课题，我开始了此主题的研究生涯。从学习生理仪、眼动仪等各类仪器，到钻研趣味的古典智力玩具和谜题，我对这一领域研究的每个细节都充满了好奇，投入了巨大的精力，在文献阅读、知识积累的基础上迸发着一个个创新设计的小火花，感受着科研的奇妙，也体验着科研的艰辛与复杂。但正是在沈德立先生"爱国、尊师、勤奋、认真"治学精神的指引下，坚持以人为本、以德立教，以科研促教学，我在教学的过程中也从未停止科研的步伐，在创造力研究的道路上一路前行，又获批了教育部人文社会科学项目和全国教育科学规划项目，从理论模型的构建到实证研究的探索，有了一些收获和思考，但也做得并不完善。本书的出版是对一个阶段的总结，也是另一个阶段的开始，大量的研究空间还有待我们继续探索，每一个未解之谜，都有可能顿悟，我们仍将在不断的尝试中砥砺前行。

在本书的写作过程中，许多人给予了我很多的帮助。本书中有我和导师合作共同发表的成果，也有一些硕博时期未发表的研究，还有一些我和参与课题研究的同学们共同完成的课题成果。他们为我研究的实施提供了很大的支持。首先，要感谢参与本课题研究的学生们，感谢陈乃溦、赵爽、时萌、敖雅杰、时阳、王雨薇、徐景楠、陈平、李香兰、王召亚、陈雅靖、王金霞、周美旭、仝娜等同学，他们在课题的研究中付出了努力，参与了课题的实验研究和问卷调查；在书稿的整理过程中，还有李兆卿、郝一凡、杨梦瑶、刘成拴、崔笑宇等同学参与了文献资料的搜集与整理，在此对他们的付出表示感谢！其次，要感谢在课题实施过程中提出宝贵意见的专家们，让我更进一步完善了相关研究，也更加清楚既有研究的局限性和不足，明晰了未来的研究方向！感谢南开大学出版社的周敏编辑对书稿进行了细致的审阅和校对，是您的认真严谨和温暖关怀给在黑暗中行走的我带来一缕亮光，给您送上我最诚挚的谢意！最后，人生一路，处处关情。我要感谢一路支持我的老师、师兄弟姐妹们，感谢父母、爱人、孩子、朋友们的陪伴，纵然时光流逝，纵然远离故乡，我依然记得我们一起奋斗的时光，依然难忘互相支持的过往，在此衷心地说声谢谢，并与你们分享书稿完工的喜悦！

科研的生活要品味"三道茶"：一苦、二甜、三回味。人生百味，有苦有甜，也有对世事的淡然。浮浮沉沉，也要保持如茶水般纯净恬淡的平常心。生活的路有很多分支，每一个路口都是一次选择。我会重整行囊，再次奋力前行。

书中难免会有一些错误之处，敬请读者们批评指正！

姚海娟

2023 年 10 月 16 日